水は実験結果を左右する！

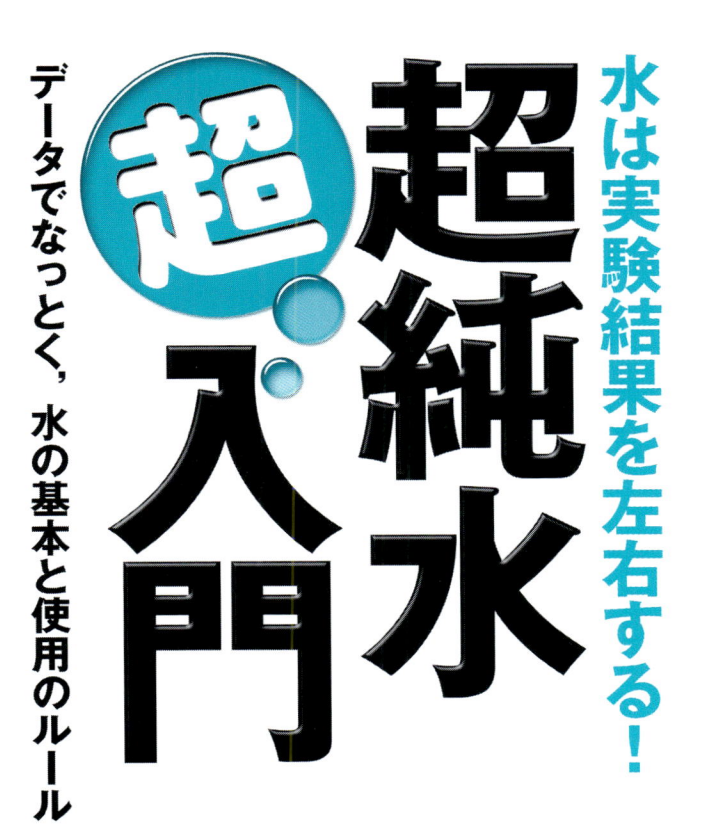

超!超純水超入門

データでなっとく，水の基本と使用のルール

編著／日本ミリポア株式会社
ラボラトリーウォーター事業部

JN304054

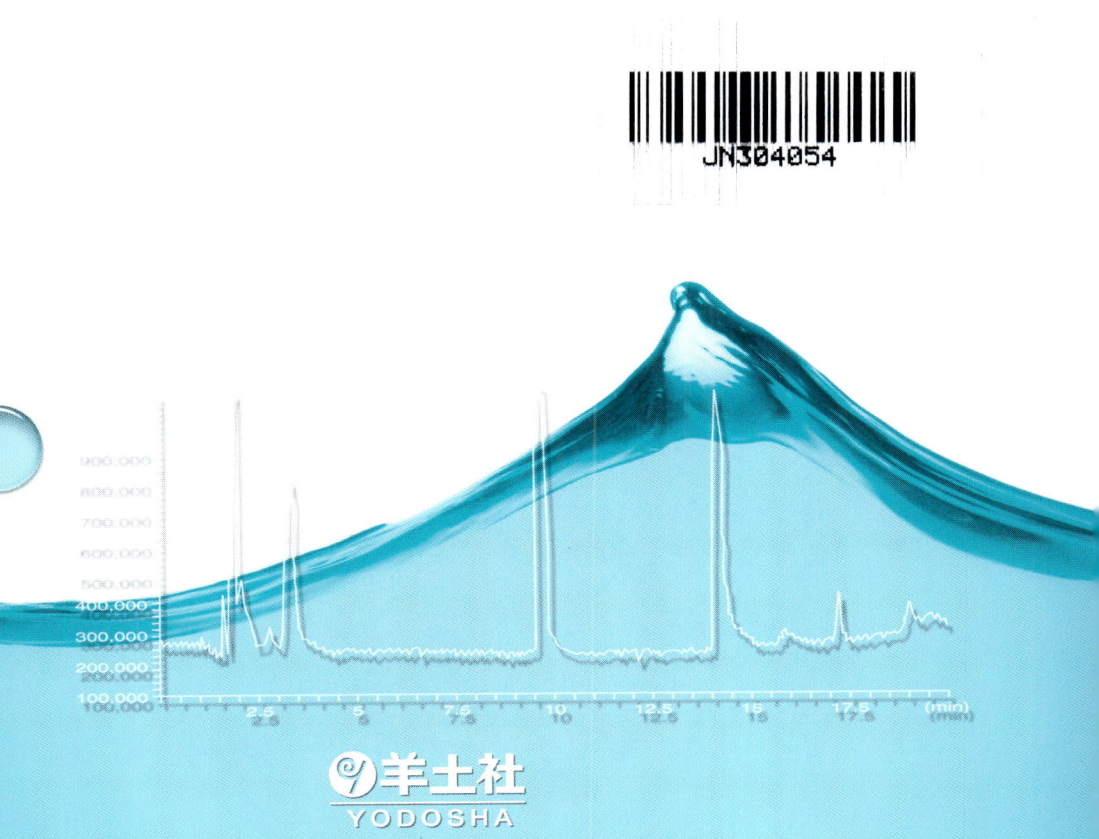

羊土社
YODOSHA

＊「日本ミリポア株式会社ラボラトリーウォーター事業部」は，2011年10月より「メルク株式会社メルクミリポア事業本部ラボラトリーウォーター事業部」に変更されております．

【注意事項】本書の情報について
　本書に記載されている内容は，発行時点における最新の情報に基づき，正確を期するよう，執筆者，監修・編者ならびに出版社はそれぞれ最善の努力を払っております．しかし科学・医学・医療の進歩により，定義や概念，技術の操作方法や診療の方針が変更となり，本書をご使用になる時点においては記載された内容が正確かつ完全ではなくなる場合がございます．また，本書に記載されている企業名や商品名，URL等の情報が予告なく変更される場合もございますのでご了承ください．

序

　『超純水超入門』は，純水や超純水を使う方々からの，「なぜ」，「どうして」という疑問や質問からアイデアをいただき生まれました．弊社ではお客様向け技術講習会 Milli-school（ミリスクール）を開催しており，毎年多数の方にご参加いただいています．その中の1講座「水の基礎知識」は，一度ご参加いただいた方からの口コミで，代々同じ研究室や職場からご参加いただいている珍しい講座です．参加者の方は，試験や分析，製造などに純水，超純水を利用しておられ，現場で困ったことを解決するために聞きに来てくださるので，「なぜ」，「どうして」といった質問に答えるうちに，その解決方法がみるみるうちに蓄積されていきました．これはとにかくわかりやすい本にまとめて，まだ知らぬ方々に伝えていかなければもったいない．そこで，内容を整理し，1冊の本にまとめたものが『超純水超入門』です．

　第Ⅰ部では，水にはどんな物質が含まれ，それらを取り除くにはどのような方法があるのか解説します．難しい専門的解説は省き，実験用水のことなんてぜんぜんわからない方でも学んでいただける内容です．たかが水，されど水．超純水本来の性質に気づかず思わぬ落とし穴にはまらないために必要な基礎知識をまとめました．

　第Ⅱ部では，分析やバイオ実験のそれぞれの手法において，使う水にどれだけの純度が求められ，純度の違いによりどれだけ結果に影響するのかどうか，独自のデータをもとに解説します．実験に失敗はつきもの．しかし，その原因を特定し，解決することで，きわめて再現性の高い結果を得られるようになります．

　第Ⅲ部では，超純水の使い方をよりわかりやすくするため，「超純水を使用するために守るべき10のルール」にまとめています．これまで，高感度分析に取り組む一部の研究者しか知らなかったノウハウを，誰でも知っている当たり前のルールとし，簡単に取り扱い方法を身につけていただけるようにしました．

　第Ⅳ部では，実際に起こった水質トラブル事例をもとに，純水・超純水装置をどのように管理すればよいのかまとめました．治療より予防．原因と対策を押えておけば，長期間安定した水質を精製することができます．

　私達が日本にて超純水製造装置の販売を開始してから，今年で30周年を迎えます．超純水という日本語も，ultra pure water の対訳として弊社がはじめて使った言葉です．以来，弊社の超純水製造装置 Milli-Q（ミリQ）で精製される超純水はミリQ水とよばれ，研究者なら誰でも知っている水になりました．この機に本書を出版できることを大変うれしく思います．本書が，研究に携わって間もない方から，ベテランの研究者の方まで，超純水を使うすべての方にヒントを与え，お役に立つことができれば光栄です．

　最後に，本書の出版の機会をいただき編集にご尽力いただいた羊土社の方々，ならびに，貴重なデータを提供してくださった機器メーカーの方々，弊社で活躍され多くの知的財産を残してくださった諸先輩方，日々の業務から新たな財産を生み出しているラボラトリーウォーター事業部のスタッフ，そして豊富な経験と知識で製作を支えてくださった石井直恵氏，金沢旬宣氏に感謝申し上げます．

2005 年 2 月

日本ミリポア株式会社ラボラトリーウォーター事業部
マーケティング部
熊井広哉

水は実験結果を左右する！

超純水 超・入門

データでなっとく，水の基本と使用のルール

序 ……………………………………………………………………………………… 3

第Ⅰ部：知っておきたい水の基礎

1　水の性質
- ❶ 水分子の構造 ……………………………………………………………… 8
- ❷ 水溶液としての水 ………………………………………………………… 8
- ❸ 水道水中の不純物 ………………………………………………………… 10

2　実験用水の基礎
- ❶ 実験用水として必要な水の純度 ………………………………………… 11
- ❷ 実験用水の水質を表す単位 ……………………………………………… 12
  - 1）イオン量を表す単位／🌱 理論純水の比抵抗計算方法／2）有機物量を表す単位
- ❸ 純水と超純水 ……………………………………………………………… 15
  - 🌱 超純水のpHは計れない！？

3　純水・超純水精製の基礎
- ❶ 純水・超純水精製に用いられる要素技術 ……………………………… 18
  - ●イオン交換 Deionization（DI）／●連続イオン交換 Electric Deionization（EDI）／●活性炭 Activated Carbon（AC）／●膜分離 Filtration／●デプスフィルター Depth Filter／●メンブランフィルター Membrane Filter（MF）／●限外ろ過膜 Ultra Filter（UF）／●逆浸透膜

Contents

　　　Reverse Osmosis（RO）／●脱気膜 Degassing Membrane／●蒸留 Distillation（DW）／
　　　●紫外線 Ultra Violet（UV）
　❷ 純水の精製方法と水質 …………………………………………………… 31
　❸ 超純水の精製方法と水質 ………………………………………………… 34
　　　1）供給する純水の違いによる超純水の水質／2）セントラル純水からの超純水の精製

第Ⅱ部：水は実験結果を左右する

1　実験用途に応じた超純水の精製方法
　❶ 実験の目的により除去すべき不純物は異なる …………………………… 42
　❷ 紫外線ランプによる有機物の分解 ………………………………………… 42
　❸ 限外ろ過膜による生理活性物質の除去 …………………………………… 43

2　各種実験における水質の影響
　❶ 有機物分析（HPLC, LC/MS）における水質の重要性 ………………… 46
　　　1）HPLC, LC/MS分析に適した超純水の精製／2）市販HPLC用水を用いる場合の注意点
　❷ イオンクロマトグラフィーにおける水質の重要性 ……………………… 48
　　　イオンクロマトグラフィー分析に適した超純水の精製／●イオンクロマトグラフィー分析のトラブルシューティング
　❸ VOC・環境ホルモン分析における水質の重要性 ……………………… 52
　　　1）VOC・環境ホルモン分析に適した超純水の精製／2）市販水を用いる場合の注意点
　❹ 微量金属分析（ICP-MS）における水質の重要性 ……………………… 53
　　　微量金属分析に適した超純水の精製／●ICP-MS分析のトラブルシューティング
　❺ 細胞培養における水質の重要性 …………………………………………… 56
　❻ RNAを扱う実験における水質の重要性 ………………………………… 56
　　　1）DEPC処理の手間と弊害／2）超純水装置によるRNaseフリー水の精製

第Ⅲ部：超純水を使用するために守るべき
　　　　10のルール

　超純水の性質と使用時の注意点 ………………………………………………… 60
　ルール❶：用時採水する ………………………………………………………… 61
　ルール❷：採水環境を改善する ………………………………………………… 62
　ルール❸：溶出の少ない容器・器具を用いる ………………………………… 64

Contents

ルール❹：容器を十分に洗浄し，適切に保管する ……………………………… 66
ルール❺：容器を使い分ける ……………………………………………………… 67
ルール❻：初流を排水する ………………………………………………………… 68
ルール❼：採水口をきれいに保つ ………………………………………………… 70
ルール❽：泡立てずに採水する …………………………………………………… 71
ルール❾：洗ビンに入れた超純水は適宜入れ替える …………………………… 72
ルール❿：採水するときには水質計を確認する ………………………………… 73

第Ⅳ部：超純水システムの管理のポイント

長期間安定した水質を得るための超純水システムの管理

❶ 純水装置はこまめなメンテナンスが大切 ………………………………………… 76
　1）イオン交換樹脂のメンテナンス／2）蒸留器のメンテナンス／3）RO-EDI方式純水装置のメンテナンス
❷ 純水タンクは水質管理の死角 …………………………………………………… 79
　1）エアベントフィルターによる環境からの汚染防止／2）殺菌用UVランプによる微生物増殖防止
❸ 超純水装置は鮮度が命 …………………………………………………………… 85
❹ 超純水システムを長期間停止させるときの対処法 ……………………………… 85
❺ バリデーションとキャリブレーション …………………………………………… 86
　　超純水装置バリデーションの流れ

◆ 参考文献・超純水技術資料 ……………………………………………………… 89

付　録

● 超純水で困ったときのための Q&A ……………………………………………… 94
● 用語集 ………………………………………………………………………………… 98
● 元素周期表 ………………………………………………………………………… 105

◆ 索　引 ………………………………………………………………………………… 106

第Ⅰ部
知っておきたい水の基礎

第Ⅰ部 知っておきたい水の基礎
1 水の性質

- 水分子は極性をもち,イオンと水和結合することにより,イオンを溶解させやすい性質をもっている.
- 水には種類や量の異なる物質が溶解しており,それぞれの状態を水の純度もしくは水質という.

＊のついた用語は巻末用語集に解説があります

1 水分子の構造

水は,酸素原子と2つの水素原子が折れ曲がって結合しているために,マイナス電荷とプラス電荷の重心に偏りが生じた,極性をもった分子である(図1).水分子が2つ存在するとき,お互いは静電的相互作用および水素結合によって一定の距離に引き付け合っている.1個の水分子に対し,4つの水分子が結合することができ,結晶と同じように比較的整ったすきまの多い構造をしている.

液体としての水は,水分子の集合体の中で,水素結合のネットワーク構造の一部が切れて,それが次々と移り変わっている状態であり,この構造は1秒間に10^{12}回も変化している[1].ある一時点における水分子の動きを特殊な質量分析計で捉えると,$(H_2O)n$の会合体を形成している様子が観察され[2],この集合体を"クラスター＊"とよんでいる(図2).

2 水溶液としての水

"おいしい水""まずい水"など,水には味がある.一般に,ミネラル(カルシウム,マグネシウムなど)などが適量含まれるとおいしいと感じ,残留塩素＊などが大量に含まれるとまずいと感じる.つまり,"水"には"H_2O"以外の成分が多数含まれており,その成分や量が"水"の味を決めているのである.

水が塩類をよく溶解させるのは,水分子がイオンと結合して水和イオンを形成するためであり,陽イオンと陰イオンが静電的相互作用によって強く結合していても,水の中では容易に解離することができる.このとき,イオン半径が小さく,電荷が大きいイオンほど水分子と強く相互作用する.陽イオンに対しては,負の

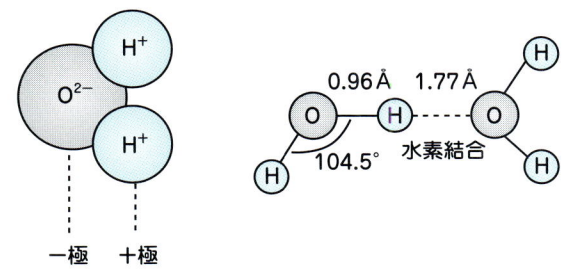

図1 水分子の構造

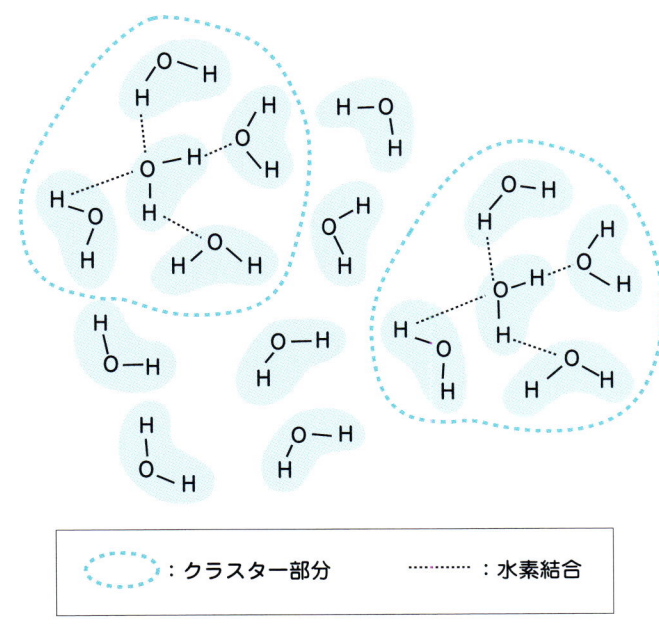

図2 水の構造モデル[1]

電荷をもつ酸素原子を向けて結合し，陰イオンには逆向きの構造を取って，イオンの周囲に密に配列している．すなわち，イオンが溶解した溶液では，純粋な水と比べ，イオンの周囲における水分子間の配置が大きく異なっている．一方，イオンの濃度が高くなると，イオンあたりの水分子の数が減少することになり，イオンの水和が起こりにくくなる．また，溶質が疎水性物質の場合も，その周辺の水は溶質分子とは結合せず，水分子同士の結合が強くなっていると考えられる．水が各種の物質を溶解させやすく，また溶解度が物質によって異なるのは，水分子同士がすきまをもった構造をもっていることと，水和イオンを形成することで説明される[3]．つまり，自然界に存在し，私達が日常接している水は"H_2O"そのものではなく，さまざまな物質を含んだ水溶液なのである．このとき，前述のクラスター構造は，溶質の種類および濃度によって大きく変化し，溶液中の構造変化は水溶液の性質に影響を与える[2]．

表1 ● 水道水が有すべき性状に関する項目

項　目	基準値
亜鉛およびその化合物	亜鉛の量に関して，1.0 mg/l 以下であること
アルミニウムおよびその化合物	アルミニウムの量に関して，0.2 mg/l 以下であること
鉄およびその化合物	鉄の量に関して，0.3 mg/l 以下であること
銅およびその化合物	銅の量に関して，1.0 mg/l 以下であること
ナトリウムおよびその化合物	ナトリウムの量に関して，200 mg/l 以下であること
マンガンおよびその化合物	マンガンの量に関して，0.05 mg/l 以下であること
塩化物イオン	200 mg/l 以下であること
カルシウム，マグネシウム等（硬度*）	300 mg/l 以下であること
蒸発残留物	500 mg/l 以下であること
陰イオン界面活性剤	0.2 mg/l 以下であること
ジェオスミン	0.00001 mg/l 以下であること
2-メチルイソボルネオール	0.00001 mg/l 以下であること
非イオン界面活性剤	0.02 mg/l 以下であること
フェノール類	フェノールの量に換算して，0.005 mg/l 以下であること
有機物〔全有機炭素（TOC）の量〕	5 mg/l 以下であること
ｐＨ値	5.8 以上 8.6 以下であること
味	異常でないこと
臭　気	異常でないこと
色　度	5 度以下であること
濁　度*	2 度以下であること

 ## 3　水道水中の不純物

　　地球の水は，雨水，海水，河川水，地下水，氷河など，さまざまな形で存在し，大気や大地との接触により，大気中成分や土壌成分などさまざまな物質を含んでいる．**私達が利用している水道水は無色透明の水であるが，純粋な"H_2O"ではない**．水道水の水質は水道法に基づいて管理されており[4]，「水質基準項目」の中で「健康に関する項目」および「水道水が有すべき性状に関する項目」（表1）として，各種の不純物量が規定されている．また，病原性微生物の繁殖を抑制するため，水道法施行規則には，「給水栓における水が，遊離残留塩素*濃度が0.1 mg/l（結合残留塩素*の場合は0.4 mg/l）以上保持するように塩素消毒をすること」と規定されている[5]．このように，安全性が高められている水道水も，規定の範囲内でさまざまな不純物が含まれている水であることがわかる．

第Ⅰ部 知っておきたい水の基礎
2 実験用水の基礎

- 実験で使う水は，溶解している物質の量が一定で，かつ実験に影響する物質が取り除かれていることが大切．
- 実験用水の水質を表す単位として，比抵抗値およびTOCが用いられている．
- 実験用水は，比抵抗値や精製方法に応じて，純水と超純水に区別される．

＊のついた用語は巻末用語集に解説があります

1 実験用水として必要な水の純度

実験とは，「現象から推測される仮説をもとに検証を行う作業」である．仮説が真理であることを証明するには，「一定条件のもとで，同一の現象を繰り返すことができる」必要があり，実験結果の再現性を得ることが重要となる．再現性を得るには優れた実験手法もさることながら，扱う試薬の純度や分析機器の取扱い方なども影響する．試薬調製やブランク水などとして実験で使われる"水"の純度も例外ではなく，**水中の不純物が測定に影響する場合には，それらを除いた水を用いなければならない．さらに，結果の再現性を得るには，水質が常に一定でなければならない．**

各種実験で用いられる分析装置は年々高感度化しており，ほとんど不純物を含まない水が必要とされている．例えば，現在の高感度分析は，「東京ドームの中の1円玉を見つける」技術に到達しており，次のような単位が指標に用いられる．

$1\ ppm^*\ (\fallingdotseq 10^{-6}\ g/ml = 1\ mg/l)$　　$1\ g/1\ m^3$
　　　　　　　　　　　　　　　　　　　（およそ… お風呂3杯分の中の1円玉）

$1\ ppb^*\ (\fallingdotseq 10^{-9}\ g/ml = 1\ \mu g/l)$　　$1\ g/1{,}000\ m^3$
　　　　　　　　　　　　　　　　　　　（およそ… 50 mプールの中の1円玉）

$1\ ppt^*\ (\fallingdotseq 10^{-12}\ g/ml = 1\ ng/l)$　　$1\ g/1{,}000{,}000\ m^3$
　　　　　　　　　　　　　　　　　　　（およそ… 東京ドームの中の1円玉）

第Ⅰ部－2　実験用水の基礎

表2 JIS K 0557-1998「用水・排水の試験に用いる水」

項目※	種別および質			
	A1	A2	A3	A4
電気伝導率* mS/m（25 ℃）	0.5 以下	0.1 以下	0.1 以下	0.1 以下
全有機体炭素（TOC） mgC/l	1 以下	0.5 以下	0.2 以下	0.05 以下
亜鉛 μgZn/l	0.5 以下	0.5 以下	0.1 以下	0.1 以下
シリカ* μgSiO$_2$/l	—	50 以下	5.0 以下	2.5 以下
塩化物イオン μgCl$^-$/l	10 以下	2 以下	1 以下	1 以下
硫酸イオン μgSO$_4^{2-}$/l	10 以下	2 以下	1 以下	1 以下

※試験方法によっては，項目を選択してもよい．また，試験方法で個別に使用する水の規定がある場合には，それによる

2 実験用水の水質を表す単位

　実験用水の一例として，日本工業規格（JIS）では，「用水・排水の試験に用いる水」として水質の規定を設けており[6]，微量成分の試験にはA3もしくはA4の水を使用しなければならない（表2）．ただし，項目に注釈が追加されているように，分析手法によっては対象物質がこの限りではなく，この条件を満たしていることが十分条件ではない場合もある．また，分析の対象項目に応じて，毎回水中の不純物濃度を測定する作業は多大な時間を要し，効率的ではない．そこで，**実験用水が分析で使用できる水質であることを確認するための指標として，「比抵抗値」と「TOC値」が広く用いられている．**

1）イオン量を表す単位

　水中のイオン量は，導電性をもつ物質の総量として，電気伝導率*（＝導電率）から求めることができる．電気伝導率は，電気の流れやすさを示しており，水中に存在するイオンの量に比例して値が大きくなる．一方，抵抗値（＝比抵抗値）は，電気の流れにくさを表しており，水中のイオンの量が少なくなればなるほど値が大きくなる．比抵抗と電気伝導率は逆数の関係にあり，超純水などイオン量が少ない場合に比抵抗値が使われ，水道水や蒸留水などイオン量が多い場合に電気伝導率が使われる（表3）．原理は，水中に1 cm^{2}の電極2枚を1 cmの距離に向かい合わせて通電したときの，2極間の電気伝導率または電気抵抗を測定するもので，次のような単位が使われている．

　　　　比抵抗の表示単位　　　：MΩ・cm（メグオームセンチメートル）
　　　　電気伝導率の表示単位：μS/cm（マイクロジーメンスパーセンチメートル）
　　　　　　　　　　　　　　　　mS/m　（ミリジーメンスパーメートル）
　　　　　　　　　（※10 μS/cm＝1 mS/m）

表3 ● 比抵抗と電気伝導率の関係

比抵抗値 MΩ·cm at 25℃	電気伝導率 μS/cm at 25℃
18.248	0.055
18	0.056
15	0.067
10	0.1
1	1
0.1	10
0.025	40
0.0063	158.73
0.0032	3'2.5

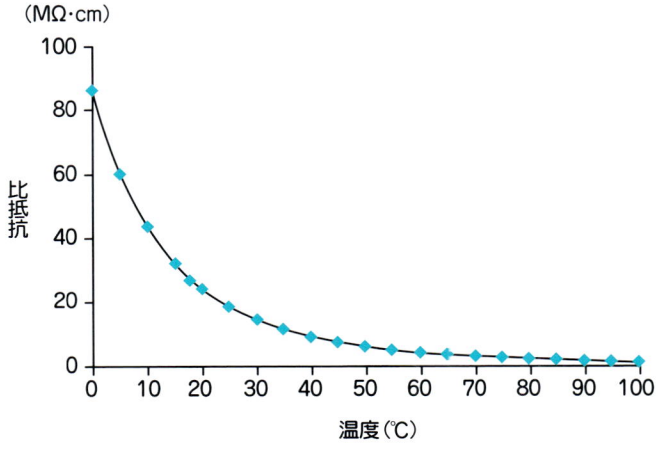

図3 ● 超純水の比抵抗値と温度との関係

比抵抗値と電気伝導率の換算式

$$\alpha \, M\Omega \cdot cm = \frac{1}{\alpha} \, \mu S/cm$$

水道水からイオンを取り除いていくと，比抵抗値は増加（電気伝導率は減少）していくが，無限に大きくなることはない．これは，水分子の一部も水素イオン（H^+）と水酸化物イオン（OH^-）に解離しているためで，比抵抗値は18.248 MΩ·cm（25℃）が最大となる．

また，比抵抗値は，水の解離係数に応じて変化するため，水温によっても変動する．例えば，25℃のとき，18.2 MΩ·cmの超純水は，0℃では84.2 MΩ·cm，100℃では1.3 MΩ·cmとなり，25℃付近では温度が1℃上昇すると0.84 MΩ·cmだけ低下する（図3）．そこで，一般に25℃における値に換算して使用されている．

理論純水の比抵抗計算方法

理論純水（電解質を全く含まない水）は，H_2O が99.76％，その同位体（酸素および水素）が0.24％で構成されている．また，その存在形態は，下記のように一部が解離している．

$$H_2O \Leftrightarrow H^+ + OH^-$$

したがって，電解質を全く含まない水の電気伝導率はゼロではなく，解離によって生じた両イオンの合計値を示すことになる．その算定式を以下に示す．

$$\kappa = (\iota H^+ \cdot [H^+] + \iota OH^- \cdot [OH^-]) \times \rho \times 10^{-3} \cdots\cdots (1)$$

κ ：電気伝導率（S/cm）
ιH^+ ：水素イオンの極限モル伝導率（$S \cdot cm^2/mol$）
ιOH^- ：水酸化物イオンの極限モル伝導率（$S \cdot cm^2/mol$）
$[H^+]$ ：水素イオンの濃度〔mol/1,000 g（水）〕
$[OH^-]$ ：水酸化物イオンの濃度〔mol/1,000 g（水）〕
ρ ：水の密度（g/cm^3）

$$[H^+] = [OH^-] \cdots\cdots (2)$$

$$[H^+] \times [OH^-] = K \cdot [H_2O] = K\omega \cdots\cdots (3)$$

K ：水の解離定数

（1）（2）（3）式から下式に置き換えられる．

$$\kappa = (\iota H^+ + \iota OH^-) \times K\omega^{1/2} \times \rho \times 10^{-3} \cdots\cdots (4)$$

表4にTruman S. Lightの結果[7]をもとに算定された結果を示す．表の中で用いられている定数および変数は，内外の研究者により多少の違いがみられるが，おおむね0.055 μS/cm（18.2〜18.3 M$\Omega\cdot$cm at 25℃）である．

表4 ● 理論純水の温度と比抵抗との関係

温度 （℃）	ιH^+ （$S\cdot cm^2/mol$）	ιOH^- （$S\cdot cm^2/mol$）	$-\log K\omega$ （—）	ρ （g/cm^3）	R 比抵抗 （M$\Omega\cdot$cm）
0	224.2	127.8	14.944	0.99987	84.2
10	275.5	156.2	14.535	0.99973	42.9
18	315.6	178.8	14.236	0.99859	26.6
20	325.5	184.4	14.167	0.99823	23.8
25	349.8	197.8	13.997	0.99707	18.25
30	373.7	211.6	13.833	0.99567	14.1
40	419.5	237.2	13.535	0.99224	8.98

算定事例：水温25℃における理論純水の電気伝導率

$$\kappa = (\iota H^+ + \iota OH^-) \times K\omega^{1/2} \times \rho \times 10^{-3}$$
$$= 547.6 \times (10^{-13.997})^{1/2} \times 0.99707 \times 10^{-3}$$
$$= 547.6 \times (1.00693 \times 10^{-14})^{1/2} \times 0.99707 \times 10^{-3}$$
$$= 547.6 \times 1.003459 \times 0.99707 \times 10^{-10}$$
$$= 0.05479 \times 10^{-6} \text{ S/cm} (= 0.05479\,\mu\text{S/cm} = 18.25\,\text{M}\Omega\cdot\text{cm})$$

上記のように理論純水の電気伝導率が算定できる．また，表4からわかるように水温により比抵抗は変わるために，純水装置や超純水装置の比抵抗値は通常，水温25℃に換算して提示されている．したがって，理論純水の比抵抗値は18.2～18.3 MΩ·cm (at 25℃)である．

2）有機物量を表す単位

有機物量は，全有機物中の炭素量を示す値として全有機体炭素 (total organic carbon：TOC*) 値で表すことができる．超純水中の有機物測定には紫外線酸化－電気伝導率測定方式TOC計がよく用いられている．有機物は，185 nmの短波長紫外線の照射によって酸化分解される．このときに生成する二酸化炭素は，水中に重炭酸イオンとして溶け込み，電気伝導率の変化を生じさせることから，初期の電気伝導率と酸化後の電気伝導率の差（ΔC）からTOCが求められる（表5，図4）．単位は，[mgC/l]，[μgc/l] または，前述の [ppm]，[ppb] で表される．

3 純水と超純水

「純水」「超純水」は，実験用水を示す言葉として用いられている．しかし，明確な水の純度を示している言葉ではないため，実験用水の記述として使われている場合には注意が必要である．

水の中から導電性の不純物を除去し，比抵抗値が18.2 MΩ·cm（25℃）の最大値に達したとき，この水を「超純水」とよんでいた．ところが，比抵抗値は水の中の電解質のみを測定しているため，そのほかの不純物量を表していない．つまり，**「超純水」とよばれる水であっても，前述のTOC値で表される有機物量や，微粒子，微生物などの不純物を含む可能性がある**．そこで，現在は，「比抵抗値」だけでなく，「TOC値」などを併用して水質を表している．

一方，何らかの精製方法で不純物が除かれているが，比抵抗値18.2 MΩ·cmの条件を満たさない水を「純水」とよんでいる．例えば，「イオン交換水」，「蒸留水」，「逆浸透水」など（第Ⅰ部-3参照）は，すべて「純水」に分類される．「蒸留水」や「逆浸透水」のように，「純水」は一般に精製速度が遅いため，使用するまでの間，タンクに貯められていることが多い．ゆえに，1度精製されながら

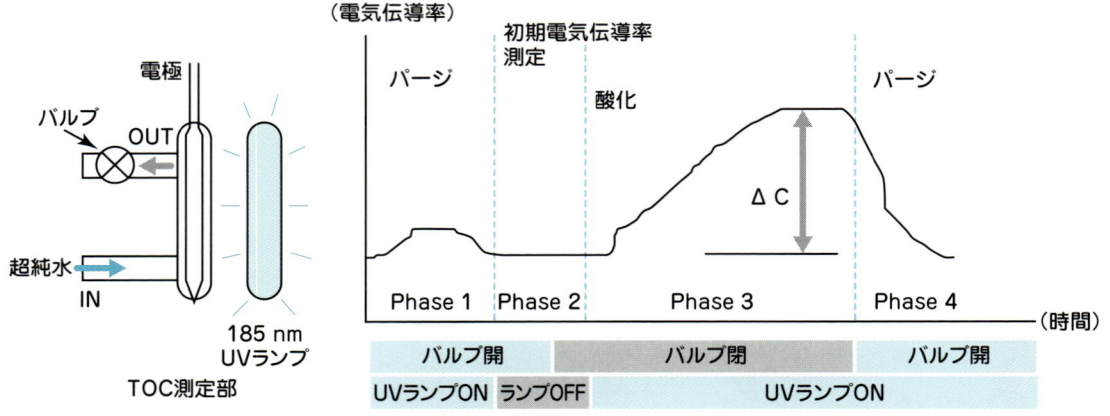

図4 ● 紫外線酸化-電気伝導率測定方式TOC計[8]（文献24より引用改変）

も，貯めることで空気中の不純物の混入や微生物の増殖，さらにはタンクの素材からの汚染を受けて水質が低下している可能性がある．「純水」もまた，一定の水質を表す言葉ではなく，精製方法や使用環境によって全く異なる水質であり，使用時の水質について考慮しなければならない．

Point

超純水の定義とは，比抵抗値が18.2 MΩ・cmに到達した水のことで，一般にイオン交換，活性炭，メンブランフィルターなどを用いて，水中の主な不純物を極限まで除くことにより精製される．

超純水のpHは計れない!?

　純水または超純水のpHは理論的には7であるが，実験室で測定を行うと誤った値が測定されることがある．一般に，ガラス電極では，測定する溶液の導電率が100 μS/cm程度あることが必要で[9]，100 μS/cmの導電率を得るためには，NaCl換算で最低でも47.4 mg/l（0.8 mM）の導電性物質が必要な計算になる．ところが，各種方法で精製される純水では1 μS/cmにも満たないことが多い．このため，十分な導電率が得られず，測定値がバラついたり，正しい値が得られない現象が起きる．

　図5は，低電気伝導率水測定用ガラス電極pHメーターを用いて，超純水のpHを3回測定した結果である．測定容器から超純水をゆっくりオーバーフローさせながら測定することにより，はじめの5分はpH7前後の測定値が得られているが，5分後にオーバーフローを止めたところ，測定値のバラつきが顕著になった．この原因として，前述の電気伝導率が十分ではないことのほか，炭酸の溶解による酸性側への傾きやガラス電極内部標準液に用いられるKClの溶出などによる影響が考えられる．研究室において試薬調製のためにpH測定を行う場合には，十分な電気伝導率をもたせるため，試薬類を溶解させた後に調整することが望ましい．

　また，一度pH調整を行った試薬であっても，長期間の保存により析出が認められる試薬類は，濃度ならびにpHの変動も起こっている可能性があるため再度調製することが望ましい．

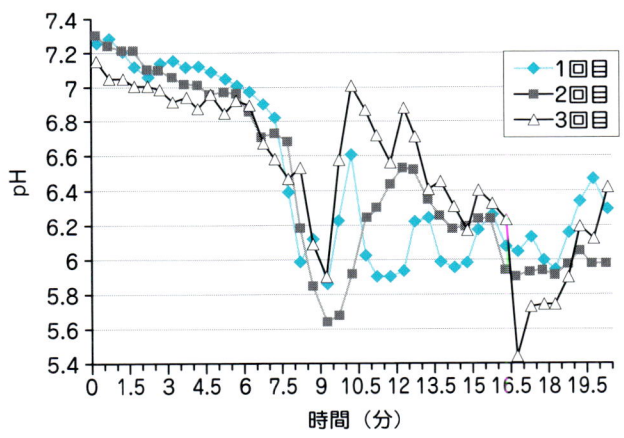

図5● 超純水のpH測定（文献10より引用改変）

超純水は，十分な導電率がないため，ガラス電極pH計でpHを正しく測定することができない．

第Ⅰ部 知っておきたい水の基礎
3 純水・超純水精製の基礎

- 水中の不純物は，無機物・有機物・微粒子・微生物の4種類に大別され，それぞれに最適な除去方法を用いることが大切．
- 用いる精製技術および方法の違いにより，精製される純水・超純水の水質が異なるので注意する．

＊のついた用語は巻末用語集に解説があります

1 純水・超純水精製に用いられる要素技術

水中の不純物を，性質に応じて分類すると，大きく4つに分けることができる（表6）．地球上の水は大気圏内で循環しており，土壌成分や海水の成分，さらには人の生活に伴い発生する物質などが含まれている．純水＊・超純水装置では，不純物の性質の違いに応じて，吸着・膜分離・相変化あるいは分解など，さまざまな方法を組み合わせて用いることにより除去している．本項では，現在，純水・超純水装置に導入されている除去技術を紹介する．

表6 ● 水道水中の不純物

項目	内容
無機物	無機塩類，溶存ガス，重金属 硬度分（カルシウム，マグネシウム）
有機物	リグニン，タンニン，フミン酸，フルボ酸 エンドトキシン，RNase 農薬，トリハロメタン，環境ホルモン様物質 合成洗剤，溶剤
微粒子	鉄さび，コロイド
微生物	細菌類，藻類

● イオン交換　Deionization (DI)

有機基材にイオン性官能基を化学的に結合させたものをイオン交換樹脂とよび，純水精製では，スルホン酸を表面にもつ陽イオン交換樹脂や，四級アンモニウムイオンをもつ陰イオン交換樹脂などが用いられる[11]．それぞれ，水中の陽イオン，陰イオンを効果的に除去することができるため，純水・超純水の製造工程では非常によく用いられている（図6）．

図6　イオン交換の原理
（文献24より引用改変）

イオン交換樹脂上の官能基が原水＊中のイオンと置換されることでイオンを除去するが，官能基の飽和によって除去効果は低下するため，水質変動・水質劣化を引き起こしやすい欠点がある．また，イオン交換樹脂自体が有機物であるため，使用中の酸化分解，機械的破砕，重合鎖および官能基の流出などによる有機物の溶出がある．さらに，電荷をもった有機物はイオン交換樹脂に吸着するため，イオン交換樹脂は有機物汚染を受けやすい．加えて，負（−）に帯電している微生物もイオン交換樹脂に吸着されるため，樹脂表面が微生物の繁殖の場となり，精製された水が微生物汚染を受けてしまう．微生物汚染は同時に，代謝産物などによる有機物汚染も引き起こす．イオン交換樹脂を用いる場合には，これらによる水質劣化に注意しなければならない．

一般に，イオンの除去能力を失ったイオン交換樹脂は，酸やアルカリなどの薬液を用いて官能基を再生し，繰り返し使用される．しかし，官能基の完全な再生や，吸着した有機物の除去は困難で，除去性能は再生の度に低下していく．また，再生に用いた薬液によりイオン交換樹脂が汚染される可能性があり，超純水の精製には新しいイオン交換樹脂を用い，再生利用は行われていない．

良いところ
- イオンの除去に優れている．
- 再生が可能である．
- 装置が簡便である．

注意すべきところ
- イオンの吸着容量に限界があり，水質変動がある．
- 樹脂表面で微生物が増殖する．
- 樹脂からの有機物の溶出がある．
- 樹脂の破片などにより粒子が増加する．
- 再生の手間を要する．
- 再生時，薬品（酸・アルカリ）の廃液が生じる．

● 連続イオン交換　Electric Deionization (EDI)

　EDIは，電極，イオン交換膜および少量のイオン交換樹脂から構成される．イオン交換樹脂を陽イオン交換膜と陰イオン交換膜で交互に積層し，その両端の電極で直流電流を通すことにより，イオンの除去を連続的かつ効果的に行うことができる（図7）．電流を流すと，供給水中のイオンは陽極もしくは陰極に引きつけられる．その際に，陽イオン交換膜と陰イオン交換膜の2種類の膜が選択的にイオンを透過させるため，イオンが濃縮される層と排除される層に分かれる．通水しながら電流を流すことで，イオンを濃縮し，外へ排除することができるしくみである．このとき，イオン交換樹脂は，イオンが電極へ移動しやすくする良導体としての役割とイオン交換樹脂上の官能基にイオンを保持しイオン交換膜へ運ぶ役割を担っており，官能基が飽和せず，かつ小さな電気エネルギーで，長期間安定してイオンの除去を行うことができる．また，通電によって細菌増殖に対して抑制効果があることも報告されている[12]．イオン交換樹脂のみを利用した場合は，官能基の飽和による水質変動や有機物・微生物汚染などの問題があったが，これらの欠点を補い，かつ効果的にイオンの除去を行う改良法がEDI連続イオン交換である．

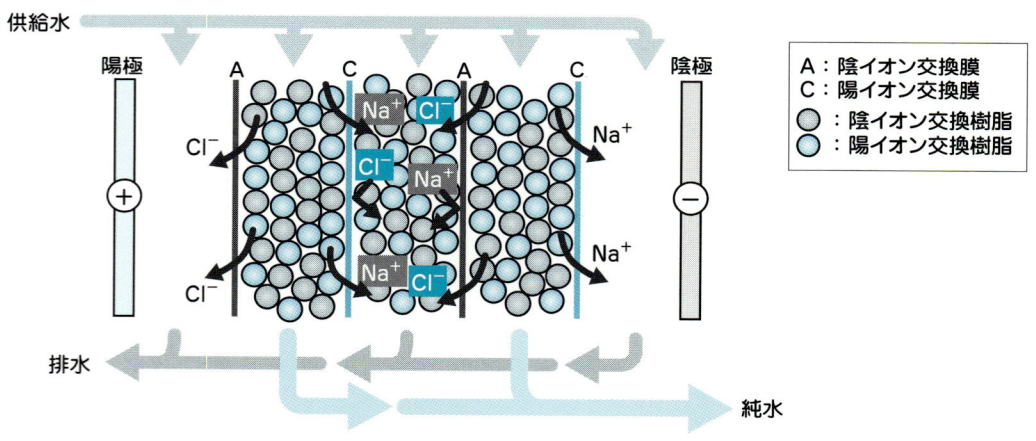

図7●EDI（連続イオン交換）の原理（文献24より引用改変）

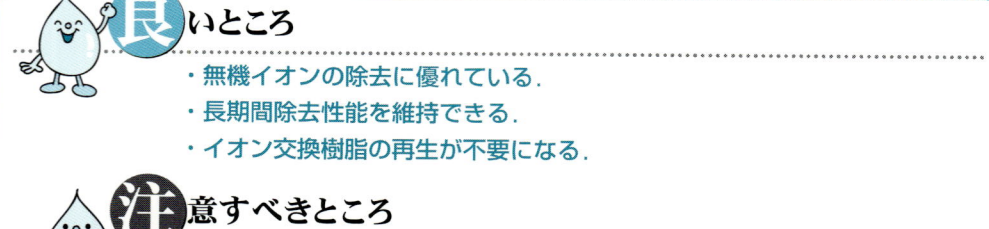

良いところ
・無機イオンの除去に優れている．
・長期間除去性能を維持できる．
・イオン交換樹脂の再生が不要になる．

注意すべきところ
・イオン交換樹脂およびイオン交換膜への不純物の付着は除去性能の低下を引き起こすため，あらかじめ逆浸透膜などの前処理をする必要がある．

● 活性炭　Activated Carbon (AC)

活性炭は多孔性炭素質吸着剤であり，水の高度処理から家庭用の脱臭剤まで広く用いられている．表面が疎水性で，粒子内部に緻密に発達した微細孔をもち，1gあたり数100 m^2 を超える表面積をもっているため，優れた有機物除去容量を有する．

図8に超純水精製に用いられている一般的な活性炭による有機物の吸着除去のしくみを示す．水中の分子量1,000以下の有機物は細孔の中に侵入し容易に吸着されるが，分子量1,500以上のものは細孔の入り口で侵入を阻止され，穴を塞いでしまう．したがって，活性炭はすべての有機物を吸着できるわけではない．効果的に有機物を吸着させるためには，前工程で高分子量の有機物をあらかじめ除去しておく必要がある．

また，活性炭は，塩素を吸着および次式のように分解して除去することができる．この性質を利用し，純水装置では水道水中の塩素除去にも用いられている[14]．

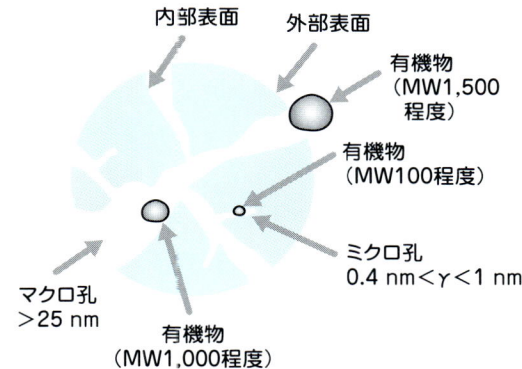

図8 ● 活性炭による有機物の吸着
（文献13，p17，図1-12を参考に作図）

遊離塩素　　$Cl_2 + H_2O + C \rightarrow 2H^+ + 2Cl^- + O + C$
　　　　　　$C + O \rightarrow CO$
　　　　　　$CO + O \rightarrow CO_2$

結合塩素
モノクロラミン　$NH_2Cl + H_2O + C \rightarrow NH_3 + H^+ + 2Cl^- + CO$
　　　　　　　　$2NH_2Cl + CO \rightarrow N_2 + H_2O + 2Cl^- + C$
ジクロラミン　　$2NHCl_2 + H_2O + C \rightarrow N_2 + 4H^+ + 4Cl^- + CO$

（文献15を参考）

いところ
- 溶解有機物の除去に優れている．
- 塩素を除去することができる．

意すべきところ
- 活性炭層内で微生物が増殖する．
- 炭沫などにより粒子が増加する．
- 吸着容量に限度がある．
- 細孔より大きい不純物を除くための前処理が必要．

● 膜分離　Filtration

　1800年代には珪藻土や石綿を使った細菌のろ過が行われてきたが，1900年代に入って膜分離技術が開発されるようになり，さまざまな分野における不純物除去に応用されている．不純物の除去に用いる膜は，分離対象物の大きさによって種類が異なり，代表的なものを孔径の粗いものから順に並べると，バクテリアや粒子を捕捉することができるメンブランフィルター，分子量数百〜数百万程度の溶質や粒子を除去する限外ろ過膜，低分子の溶質や塩まで除去することができる逆浸透膜などがある（図9）．

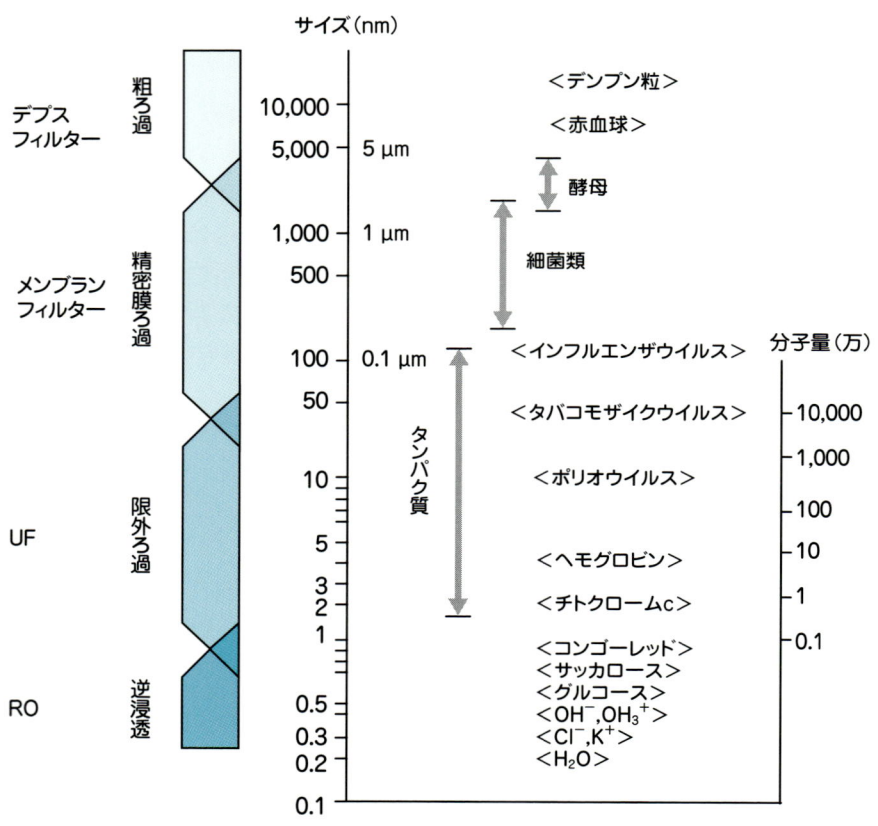

図9● 不純物の大きさと適応ろ過膜[16]

● デプスフィルター　Depth Filter

デプスフィルターは，木綿やポリプロピレン，アクリルなどの繊維を重ね合わせてできており，網目構造の間隙で粒子を捕捉する．構造に厚みがあり，フィルター全体で粒子を捕捉するので，目詰まりしにくく，汚れの保持力に優れるといった特長をもつ．ろ過効率は，フィルターの厚みが増すほど上昇する．しかし，間隙の大きさは一定でないため，大きな粒子でも捕捉されない場合や，逆に，間隙より小さな粒子でも網目構造に捕捉されて除去されることもある．このため，ろ過時に圧力変動や流量変動が起こると，捕捉されていた粒子やフィルターの素材が二次側に流出する欠点がある．

超純水システムにおいては原水の鉄サビやゴミなどを取り除く目的で利用されている．

図10 ● デプスフィルター

いところ
・目詰まりしにくく，汚れの保持力に優れる．

意すべきところ
・圧力変動や流量変動が起こると捕捉されていた粒子やフィルターの素材が二次側に流出する．

● メンブランフィルター　Membrane Filter（MF）

　メンブランフィルターは，窓の格子やふるいのような均一な構造をもち，孔径より大きな粒子を膜表面で確実に捕捉する．酢酸セルロースやpolyvinylidene diflouride（PVDF），polytetrafluoroethylene（PTFE），ナイロンなどの高分子が膜の材料に利用されている．

　フィルターの捕捉効果は，孔径，濃度，圧力，ろ液の成分（pH，界面活性剤など）の影響を受けるため，実際にろ液を流すチャレンジ試験や，非破壊試験であるバブルポイント試験*を行って，膜の信頼性を確認している．ろ過滅菌の目的には，孔径が0.22μmのフィルターが用いられる．

　超純水装置では，採水口にメンブランフィルターを取り付けることが多く，微細な樹脂のかけらや，活性炭沫および微生物を除去する役割と，膜の二次側からの微生物の侵入を防止する役割を担っている．メンブランフィルターを用いて長時間ろ過する場合には，フィルター上に捕捉された微生物が増殖したり，膜の二次側に透過する可能性があるため，ろ過には時間の制限があることにも注意が必要である．

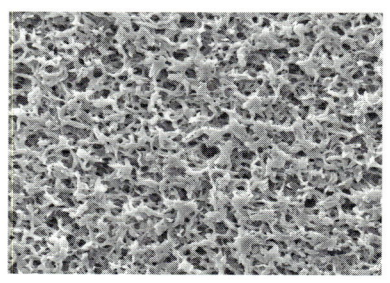

図11● メンブランフィルター

・孔径より大きな分子（微粒子，微生物）を確実に捕捉する．

・膜表面で二次元的に不純物を捕捉するため，目詰まりを起こしやすい．

● 限外ろ過膜　Ultra Filter (UF)

限外ろ過膜は，孔径が100 nm以下と非常に小さいため，細孔孔径で分離特性を表すことが困難であり，分離できる物質の分子量（分画分子量）で表される．分子の大きさに応じて不純物を捕捉することができ，分画分子量以上の分子を膜上に捕捉し，分画分子量以下の低分子はろ液とともに透過させる．適切な分画分子量の膜を選択することによって，イオン類や低分子量の物質は透過させ，水中に存在するエンドトキシン（第Ⅱ部-1-3参照）やRNaseなどの高分子化合物やコロイド状物質などを分離することができる．

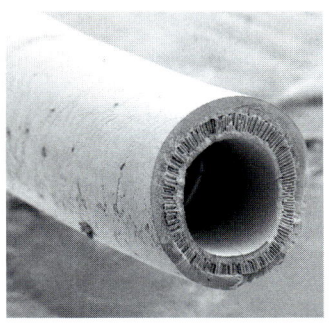

図12 ● 中空糸型限外ろ過膜

膜を長期間使用した場合には，膜の表面にこれらの物質が濃縮されるため，定期的な洗浄除去が不可欠である．洗浄には，過酸化水素水や水酸化ナトリウム水溶液などが用いられるが，エンドトキシンの失活には，水酸化ナトリウムが有効である[17]．

膜の分画分子量の評価に用いる標準物質やその除去率に関する規定はなく，各メーカーが独自で設定している．したがって，同じ分画分子量の限外ろ過膜であっても，メーカーや種類によって除去特性が異なることがあるので注意する必要がある．日本薬局方では，エンドトキシンを含まない注射用水*の製造には分子量約6,000以上の物質に対し除去能力をもつ膜を用いるように定められている[18]．

いところ

- エンドトキシンを除去できる．
- RNaseを除去できる．
- コロイド状物質を除去できる．

意すべきところ

- 付着した有機物やエンドトキン，微生物を除くため，定期的に膜の洗浄が必要．

● 逆浸透膜　Reverse Osmosis (RO)

逆浸透膜は，4種類の不純物（溶存ガスを除く，表6参照）をそれぞれ90〜99％取り除く効果的な方法である．他の精製方法では除去しにくい水中の有機物やサブミクロンオーダーの微粒子，微生物およびイオンも効果的に除去することができる．この性能を利用して，海水を淡水化する技術としても広く用いられている．

水は透過させるが，水に溶解した溶質（イオンや分子）はほとんど透過させない性質をもつ半透膜*を隔てて，希薄溶液と濃厚溶液（例：真水と海水）とが接するとき，希薄溶液側の水が半透膜を通過して濃厚溶液側へ移動して希釈しようとする．この現象を浸透作用（osmosis）とよび，水の移動は，浸透圧*と液面差の圧力が平衡になるまで続く．逆に，浸透圧より高い圧力を濃厚溶液側に加えると，濃厚溶液側から希薄溶液側に水だけが透過する．この現象を逆浸透（reverse osmosis）とよぶ（図13）．

この逆浸透の原理を利用し，水道水を，浸透圧以上の圧力をかけて逆浸透膜を透過させることで，水道水中の水分子と低分子物質のみを通過させ，不純物を除去した水を精製することができる．

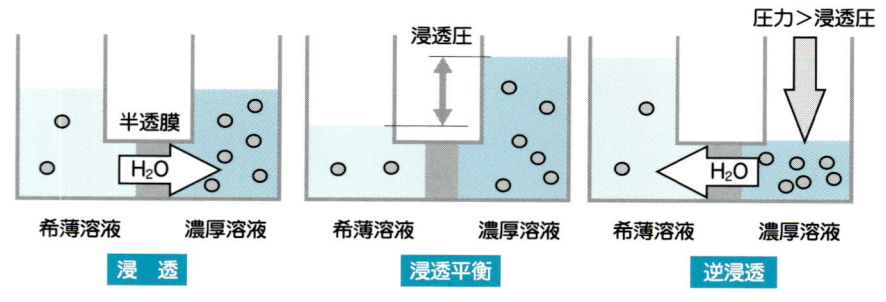

図13● 逆浸透の原理

いところ
- 4つの種類の不純物を効果的に除去できる．
- メンテナンスをほとんど必要としない．
- 省エネルギーで運転できる．

意すべきところ
- 精製された水の水質が，原水の水質の影響を受ける．

● 脱気膜　Degassing Membrane

　水中の溶存ガス成分を除去するために，気体は通過できるが液体はほとんど通過できない性質を有する疎水性の多孔膜または半透膜が用いられる．膜の片側に通水し，もう片側を陰圧にする，もしくは不活性ガスを流すことにより，目的のガスを水中から除去する（図15）．

　溶存ガスの除去が必要な理由として2つのケースが考えられる．1つ目は，水中の溶存ガスが，水温の変化や，その他の物理的な影響により，溶解できずに気泡として発生し，それが試験などに影響を及ぼす場合である．特に水温の低い冬場はガス溶解量が多くなり，室温により水温が上昇したり，加熱されたりした場合に，飽和溶存ガス量が低下し，気泡が発生しやすくなる（図14）．このような場合に，気泡を発生させないためには，あらかじめ使用する水温の飽和溶存ガス量を下回るまで，脱気膜により溶存ガス量を低減しておく必要がある．

　2つ目は，溶存ガスのうち，特に溶存酸素が，水に溶解した物質や接触した物の表面を酸化してしまう場合である．このような場合は，気泡が問題になるケースに比べ，さらに低い10～数100μg/l程度の溶存酸素量まで低減することが求められることが多い．

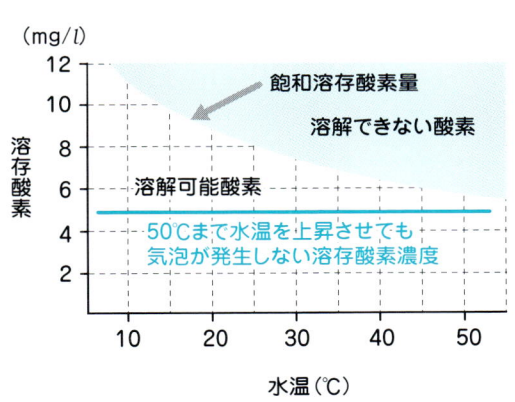

図14● 飽和溶存酸素と水温

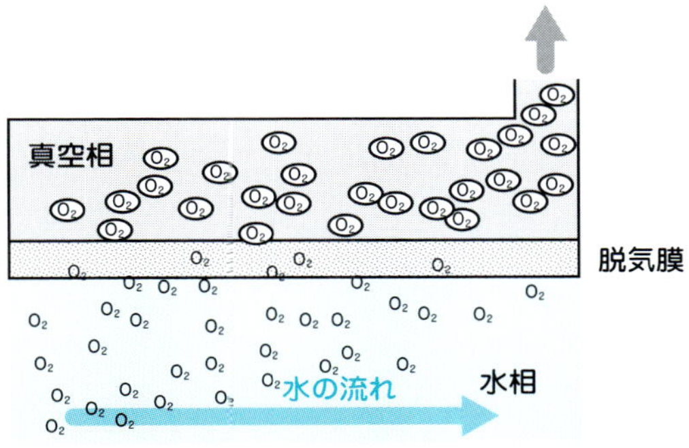

図15● 脱気膜の働き

良いところ
・溶存ガスを除去する最も簡便な方法である．

注意すべきところ
・真空ポンプや不活性ガスなどの機器が必要である．

● 蒸留　Distillation (DW)

蒸留は，きわめて古くから用いられている方法であり，物性（＝揮発性および沸点）の違いを利用し，不純物を含む水から，水を気化させて回収する方法である（図16）．しかし，原理上，水の沸点に近い成分の分離が困難で，特に水より低い沸点を有する物質が混入しやすい性質がある．また，揮発性の高い元素も，一緒に蒸発して分離しにくいことが知られる．さらに，蒸留の際，沸騰した水が粒子状のまま蒸気中に飛散 (飛沫同伴) され，蒸留水の純度を低下させてしまうことがある．冷却器から出てくる水は水滴となっているため，実験室の空気ときわめてよく接触し，空気中の不純物を再度吸収して純度が低下する．したがって，1回蒸留を行っただけの蒸留水では精製が不十分で，2回以上蒸留を繰り返すか，あらかじめイオン交換樹脂などで処理した水を蒸留器に供給することにより，このような純度の低下をある程度改善する対策が取られることが多い．

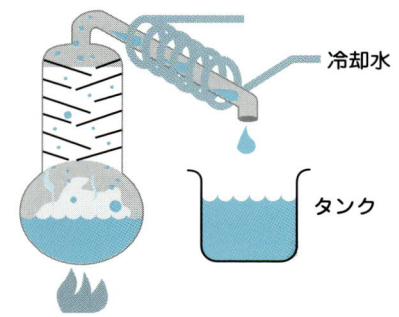

図16● 蒸留の原理

良いところ
- 水中の不純物を全般的に除去できる．

注意すべきところ
- 精製速度が遅い．
- 原水の飛沫同伴により水質が劣化する．
- 蒸留環境からの汚染により水質が劣化する．
- 精製に多量の熱エネルギーおよび冷却水を必要とする．

● 紫外線　Ultra Violet (UV)

　紫外線は，さまざまな分野で殺菌の目的で利用されている．特に波長260 nm付近の紫外線のもつ殺菌力は最も強く，直射日光の波長350 nmの1,600倍にも達する[19]．DNAは260 nm付近に吸収特性をもつことから，この付近の波長の紫外線照射によって損傷を受ける．これにより，菌の増殖抑制もしくは殺菌が可能になる[20]．また，紫外線は波長が短くなるほどもつエネルギーが高くなり，254 nmと185 nmの紫外線を組み合わせることにより有機物を分解することができる．185 nmの紫外線は647 kJ/mol，254 nmの紫外線は471 kJ/molのエネルギーをもっており，多くの有機化合物の化学結合を切断し分解することができる（表7）．

　一方，185 nmの紫外線で分解することができない結合は，185 nmと254 nmの紫外線を組み合わせ，ヒドロキシラジカルを生成することで分解できる．ヒドロキシラジカルは紫外線照射により，超純水中の溶存酸素*がオゾン，酸素ラジカルを経て生成される．

$$\frac{3}{2} O_2 \xrightarrow{\text{UV　185 nm}} O_3$$

$$O_3 \xrightarrow{\text{UV　254 nm}} O_2 + O\cdot$$

$$O_2 + O\cdot + H_2O \xrightarrow{\text{UV　254 nm}} 2OH\cdot + O_2$$

表7 ● 185 nm紫外線による化学結合の解離の可否[21]

結　合	結合解離エネルギー (kJ/mol)	185 mm紫外線での解離
CH_3-H	431.8	○
CH_3-CH_3	366.4	○
$CH_2=CH_2$	719	×
$CH-CH$	956.6	×
$CO-O$	526.1	○
CH_3-F	472	○
CH_3-Cl	342.0	○
CH_3-Br	289.9	○
$H-OH(H_2O)$	492.15	○
CH_3-OH (alcohol)	378.1	○
CH_3-SH	297.6	○

あるいは，水分子から直接ヒドロキシラジカルが生成される．

$$H_2O \xrightarrow{UV\ 185\ nm} OH\cdot + H\cdot$$

このヒドロキシラジカルは活性が強く，次のように有機物を酸化することができる．

$$RCH_3 + OH\cdot \longrightarrow RCH_2\cdot + H_2O$$

$$RCH_2\cdot + OH\cdot \longrightarrow RCH_2OH$$

$$RCH_2OH + 2OH\cdot \longrightarrow RCHO + 2H_2O$$

$$RCHO + 2OH\cdot \longrightarrow RCOOH + H_2O$$

$$RCOOH + OH\cdot \longrightarrow R\cdot + CO_{2\,(aq)} + H_2O$$

以上のような反応によって，185 nmの紫外線のみでは分解されない有機物も分解される．

有機物は完全にCO_2まで分解されるか，分解が不十分であった場合は有機酸として水中に残り，水溶液中ではある平衡で解離し，電荷をもつイオン（カルボン酸イオン，炭酸イオン，重炭酸イオン）として存在する．

$$RCOOH \rightleftharpoons RCOO^- + H^+$$

$$CO_{2\,(aq)} + H_2O \rightleftharpoons H_2CO_3 \rightleftharpoons HCO_3^- + H^+ \rightleftharpoons CO_3^{2-} + 2H^+$$

このように，紫外線の照射により有機物が分解されるとイオンが生成するので，紫外線照射の後段で，イオン交換樹脂などによりイオンを除去する必要がある．

良いところ

- 殺菌に有効である．
- 有機物の酸化分解ができる．

注意すべきところ

- 酸化された有機物により比抵抗値が減少するため，後段でイオン交換樹脂などによる精製が必要．

表8 ● 市販純水装置の精製方法と水質の違い

純水装置	精製方法	比抵抗 MΩ·cm (25℃)	TOC ppb	微生物
イオン交換器	イオン交換樹脂	1～10[※1]	300～600[※2]	非常に多い（ボンベ内で微生物が増殖）
蒸留器	蒸留	0.5～0.8	200～300	少ない
	蒸留→イオン交換樹脂	1～10[※1]	150～200	多い
	イオン交換樹脂→蒸留	0.5～1	150～200[※2]	少ない
RO方式純水装置	RO膜	0.3～0.5	100～150	少ない
	RO膜→イオン交換樹脂	1～10[※1]	150～200[※2]	多い
RO-EDI方式純水装置	RO膜→連続イオン交換（EDI）	15	100	非常に少ない（通電により増殖を抑制）

※1　イオン交換樹脂の劣化により変動
※2　イオン交換樹脂へ付着した微生物の増殖により汚染

表9 ● 逆浸透膜の除去性能特性

	供給水	RO透過水	
	電気伝導率（μS/cm）	電気伝導率（μS/cm）	除去率（％）
供給水A	440	8.8	98.0
供給水B	140	2.8	98.0

2　純水の精製方法と水質

　市販純水装置の多くは，これまで紹介した精製技術を1つまたは2つ組み合わせることにより，水中の不純物を取り除いている．しかし，**各精製技術には一長一短があり，除去できる不純物の種類や量には限界があるため，精製方法によって得られる水質が大きく異なる．**代表的な純水装置とその精製方法および水質を表にまとめた（表8）．

　「イオン交換器」は，イオンの除去に優れ，通水初期は10 MΩ·cm程度に達するが，官能基の飽和に伴って水質が徐々に劣化するという特性をもつ（図17）．また，供給水（水道水）中の有機物，微生物の中には電荷をもつものも多く，樹脂表面に吸着して表面を覆い，さらなる除去性能の劣化を引き起こす．

　次に，「蒸留器」は，飛沫同伴による供給水中不純物の持ち越しや，精製時の環境からの汚染による水質劣化が避けられない[22]．このため，蒸留器の中には，イオン交換器と組み合わせて精製している場合がある．蒸留が前段の場合は，比抵抗値の高い純水が得られるが，イオン交換樹脂の欠点である水質変動や微生物増加は避けられない．一方，蒸留が後段の場合は，微生物数が比較的少なく（ただしタンクのメンテナンス状態による）水質は安定するが，無機物の除去効率は

表10　RO方式とRO-EDI方式のイオン除去量の比較

	供給水	RO透過水		RO-EDI透過水
	濃度（ppb）	濃度（ppb）	除去率（%）	濃度（ppb）
Na^+	14,599	1,868	87.2	<1
K^+	3,138	371	88.2	<1
Mg^{2+}	6,438	20	99.7	<1
Ca^{2+}	106,502	586	99.5	<1
F^-	578	6	99.0	<1
Cl^-	45,477	831	98.2	<1
NO_3^-	13,843	1,756	87.3	<1
SO_4^{2-}	117,546	232	99.8	<1

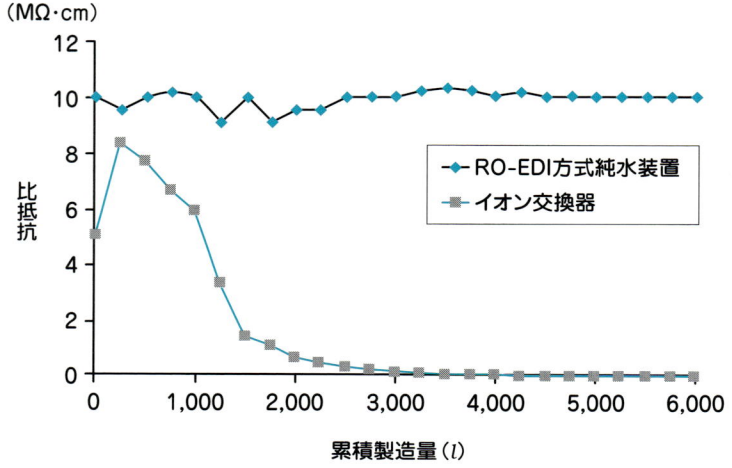

図17　イオン交換器とRO-EDI方式純水装置の水質（比抵抗値）比較

低くなる．

　これに対し，水中の4つの不純物（無機物，有機物，微粒子，微生物）を効率よく除去することが可能な逆浸透（RO）膜を導入した「RO方式純水装置」が広く用いられるようになっている．ただし，RO膜は，供給水中の導電性物質の量に依存して，透過水中に含まれる量が変動する性質をもつ（表9）．すなわち，精製される純水の純度が，原水となる水道水の水質変動（地域による差，季節変動など）に影響されることになる．そこで，後段にイオン交換樹脂を組み合わせることにより，RO膜のみの純水化よりも高純度な水質を精製する方法もある．しかし，長期間の使用により，吸着容量の低下に伴う水質変動や微生物増殖などの問題が生じる．

　そこで，最近では，RO膜の後段に連続イオン交換（EDI）を加えることにより，

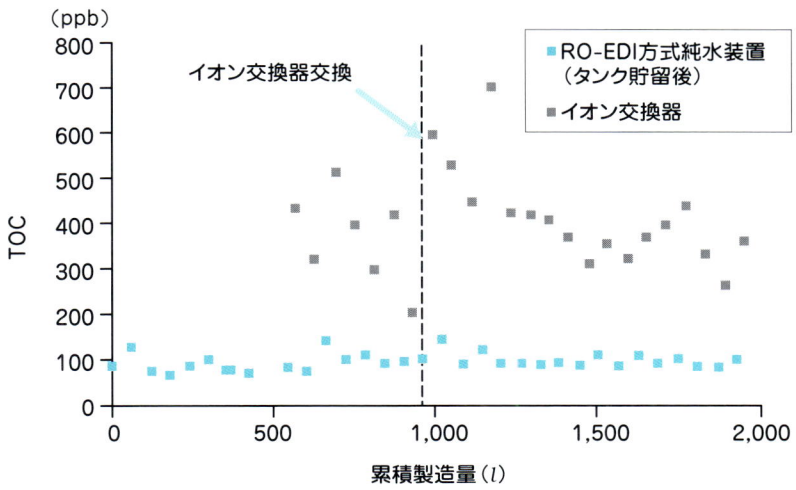

図18 イオン交換器，RO-EDI方式純水装置（タンク貯留後）の水質（TOC）比較

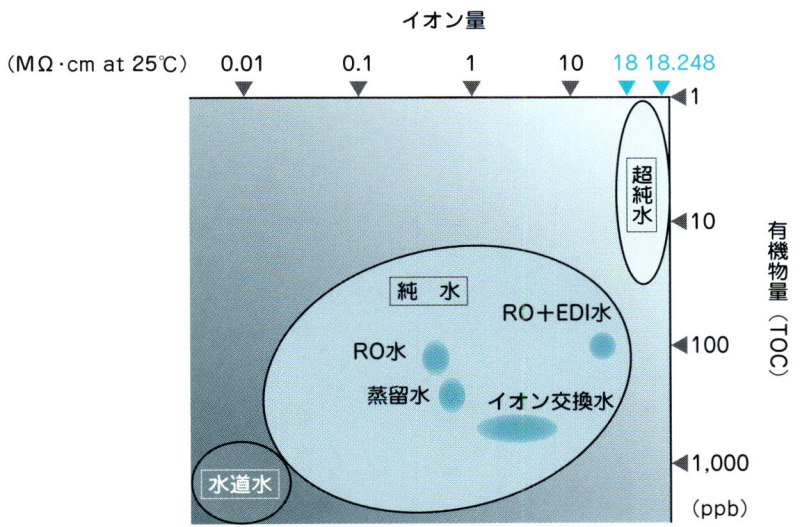

図19 純水の精製方法と水質

水中イオンをより確実に取り除く「RO-EDI方式純水装置」が用いられている．この方法は，各種の純水装置の中で最も除去能力が高く，かつ水質の安定性に優れている（表10，図17，18）．

純水装置は，精製方法によって除去できる不純物が異なり，精製される水質は全く異なる．

超純水の精製方法と水質

　純水装置で精製された純水には，まだ微量の不純物が残存しており，また，タンクに貯留された間の水質変動もあるため，高感度な分析に使用する場合にはさらなる精製が必要になる．そこで，純水中の不純物をさらに除去する役割を担うのが超純水装置である（図20）．超純水装置には，不純物に対して特異的な除去能力がある精製技術が導入され，一般には，イオンを除去するためのイオン交換樹脂，有機物を除去するための活性炭，微粒子や微生物を除去するためのメンブランフィルターが使用されている（図21）．

　ただし，超純水製造システムを構築するにあたって，前述のように**純水は精製方法によって水質が全く異なるため，すべての純水装置が超純水装置の前処理として適当なわけではない**．超純水装置に導入されている各精製方法は除去できる不純物量に限界があるため，供給される純水中の不純物が多い場合には，ただちに目詰まりを起こしたり，短期間で水質低下が起こるなどの問題が発生してしまう．すなわち，高水質の純水を供給できる純水装置を前処理に選ぶことにより，超純水装置での処理量は少なくなり，安定した超純水を精製することができる．

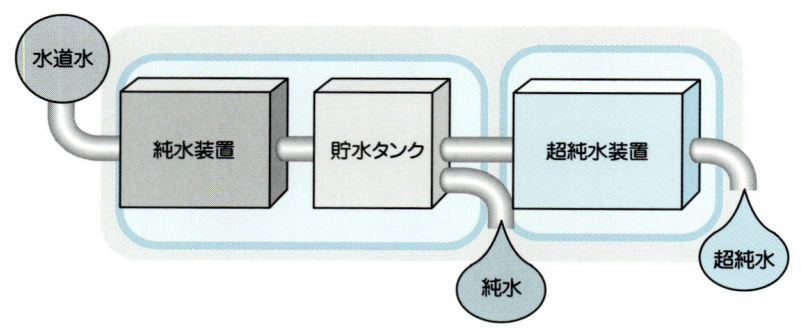

図20● 超純水システムの構成

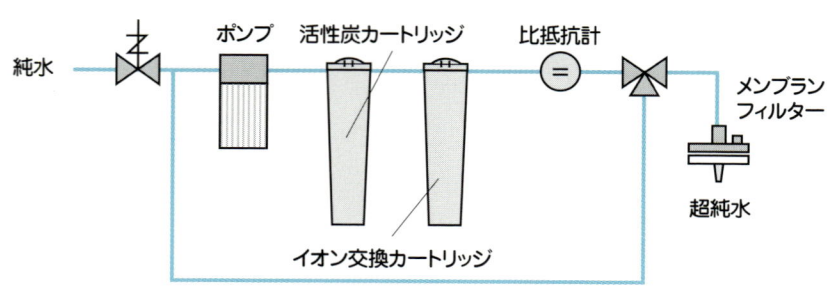

図21● 超純水装置のフロー図（一例）

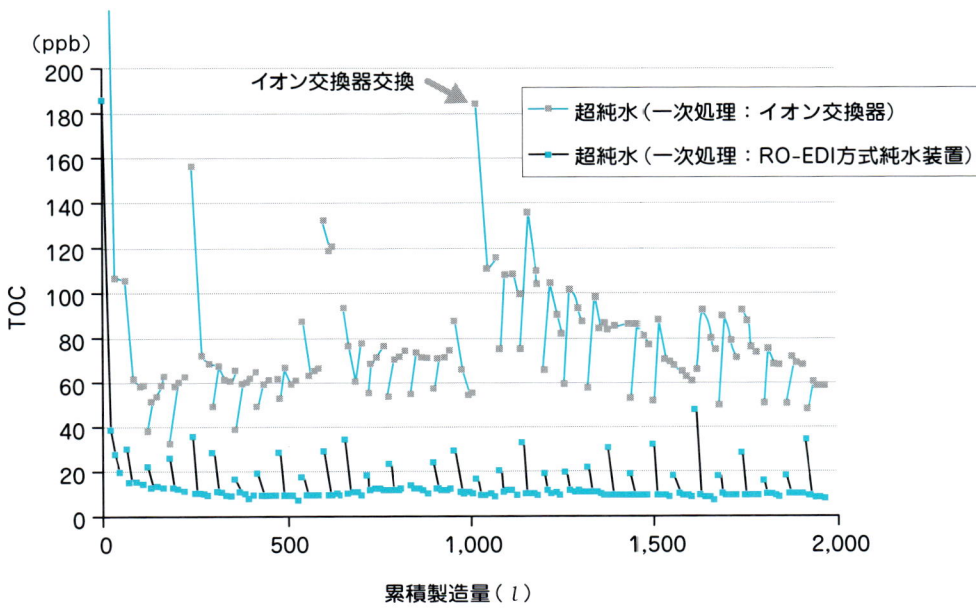

図22● 純水の違いが超純水水質に与える影響[23]（RO-EDI方式純水とイオン交換水の比較）
（文献24より引用改変）

そこで，各種の純水装置を超純水の前処理として用いた場合に得られる超純水の水質を測定し，最適な超純水製造システムを検討した．

1）供給する純水の違いによる超純水の水質

超純水装置に供給する純水の水質の違いが，超純水の水質にどのような差を生じるのか検証するため，3種類の純水装置（RO-EDI方式純水装置，イオン交換器，蒸留器）を超純水装置と接続して，精製される超純水の水質を調べた．

はじめに，RO-EDI方式純水装置とイオン交換器を前処理にして精製した超純水のTOCの測定を行った（図22）．イオン交換器を接続した場合，初期のTOCは100～300 ppbと高く，その後は低減するものの，全般に40～150 ppbと不安定であった．さらに，ときとして高いTOCが観察された．一方，RO-EDI方式純水装置を接続した場合は，試験開始直後は200 ppb近くを示したが，その後は初流で10～40 ppb，2回目以降の測定では10 ppb前後と常に安定した水質であった．RO-EDI方式純水装置は，タンクに貯留した後に供給されているにもかかわらず，全期間にわたってTOCが安定していた．すなわち，超純水装置へイオン交換水を供給すると，超純水装置の性能が十分に発揮されない場合があることがわかった．

続いて，RO-EDI方式純水装置，蒸留器をそれぞれ一次処理に用いて精製した超純水のTOCを示した（図23）．蒸留器では一時的にRO-EDI方式純水装置を用いたときと同等のTOC値に到達するものの，全般に変動が大きく，あるときには80 ppb近いTOCも確認されている．一方，RO-EDI方式純水装置を接続した

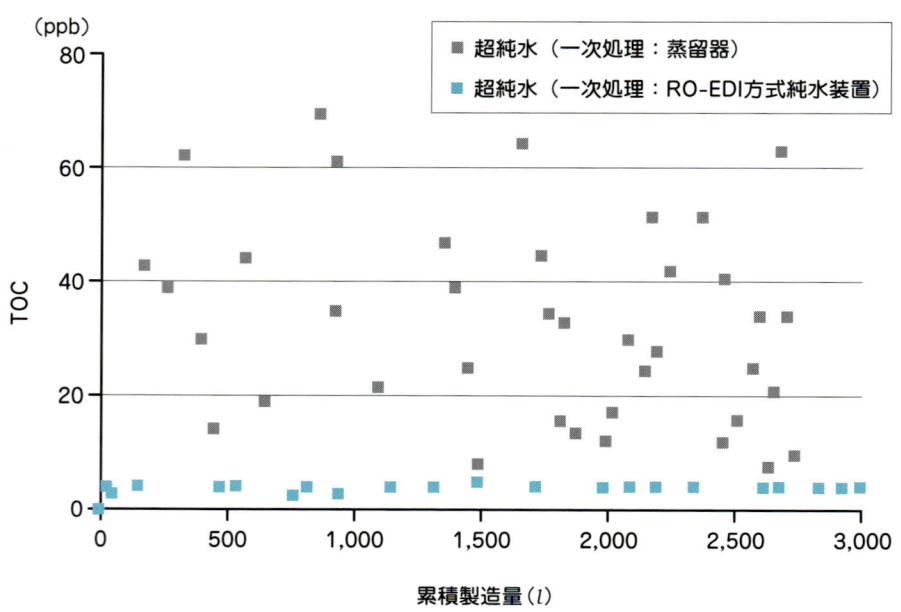

図23 純水の違いが超純水水質に与える影響[25]
（RO-EDI方式純水装置と蒸留器の比較）

場合は超純水のTOCを5 ppb以下に安定に保つことができた．すなわち，蒸留器も超純水装置の一次処理として適さない場合があることがわかった．

さらに，このように多量の不純物を含む純水を供給したときに，超純水装置内にどのような負荷を与えているのか調べた．逆浸透水およびイオン交換水を一定量供給した後の超純水装置内の陰イオン交換樹脂表面を電子顕微鏡で確認したところ，**イオン交換水を供給した場合は，樹脂表面に多量の物質が付着し，被膜が形成されているのがみられた**（図24）．この状態では，液相から樹脂相へのイオンの移動を妨げられ，本来の官能基の飽和量に到達する前に性能低下（＝早期劣化）を引き起こしてしまう．また，この現象は陰イオン交換樹脂表面で顕著で，陽イオン交換樹脂表面には付着物質が確認されなかった．これは，コロイドや有機物の多くが水中でマイナスの電荷をもっているためであると考えられる．

続いて，メンブランフィルター表面を電子顕微鏡で確認すると，逆浸透水を供給した場合には膜の構造（白い部分が膜，黒い部分が孔）がわかるが，イオン交換水を供給した場合には，供給水中の有機物や微生物とみられる物質によって表面が覆われていた（図25）．このとき，超純水の製造水量は通常の1/10の速度まで低下しており，メンブランフィルター（孔径0.22μm）の目詰まりを引き起こしていた．

以上の結果から，超純水の水質は供給する純水水質に大きく影響され，純水装置の除去性能が大きな役割を担っていることがわかる．イオン交換水や蒸留水を超純水装置の供給水として用いた場合，精製が不十分で，超純水装置の性能が十

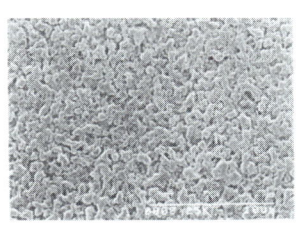

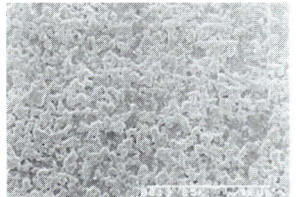

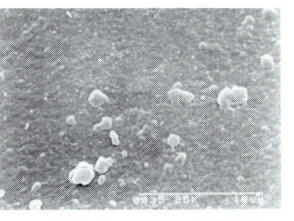

| 新 品 | 一次処理：RO純水装置 | 一次処理：イオン交換器 |

図24 一定期間使用した超純水装置内カートリッジの陰イオン交換樹脂表面（電子顕微鏡写真）[23]

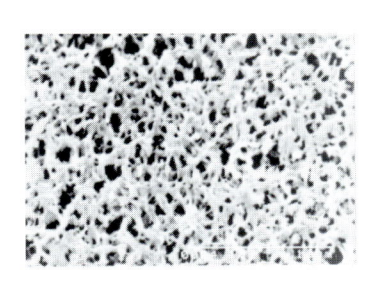

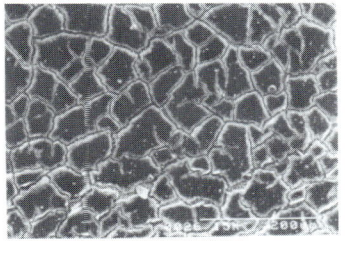

| 一次処理：RO純水装置 | 一次処理：イオン交換器 |

図25 一定期間使用した超純水装置のメンブランフィルター表面（電子顕微鏡写真）[23]（文献26より転載）

| イオン交換水 | 蒸留水 | RO-EDI方式純水 |

図26 供給水の水質による超純水装置への負荷量の違い

分に発揮されないばかりではなく，イオン交換カートリッジやフィルターの寿命を縮める原因となる．また，逆浸透膜のみによる精製も，原水となる水道水水質の影響（地域による差，季節変動など）により除去率が変動するため，超純水の水質も変動することがある．

したがって，現行の精製方法の中では，RO-EDI方式純水装置の除去能力および水質安定性が高く，超純水装置の前処理に適している．

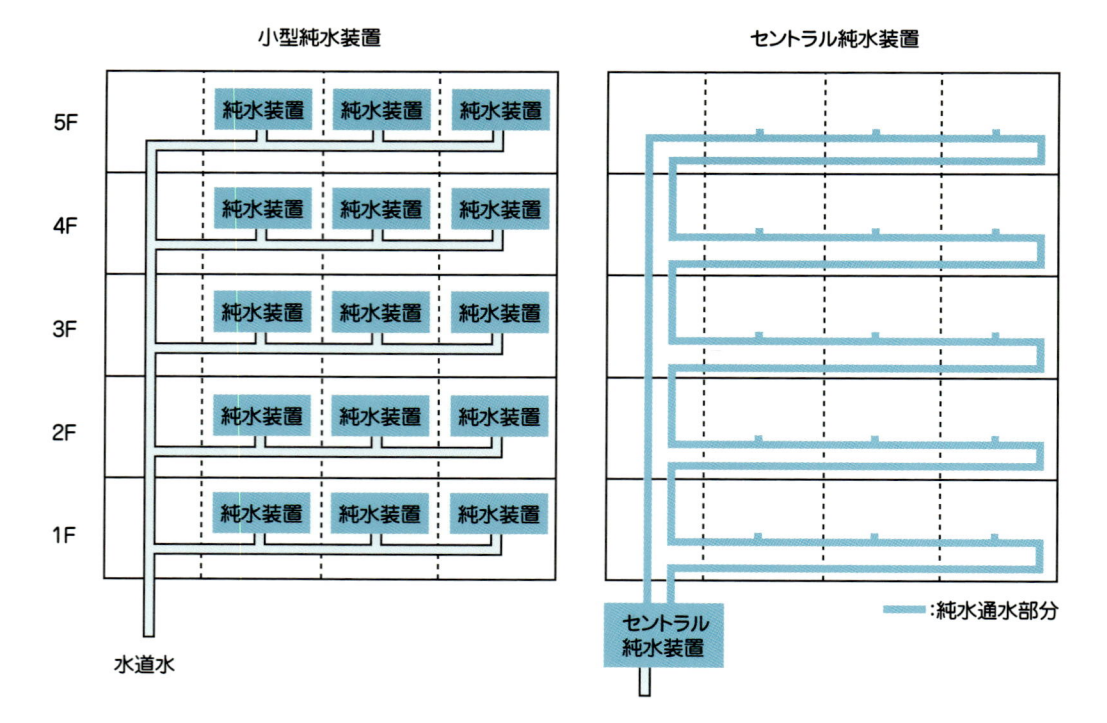

図27 ● 小型純水装置とセントラル純水装置[27]

2）セントラル純水からの超純水の精製

　施設の中には，各居室に純水が配管供給されている場合がある．中央管理室等で一元的に純水精製を行い，各居室に純水を供給するもので，中央管理方式（セントラル）純水装置とよばれる．こうした環境下で，超純水の精製を行う場合，どのような点に気をつければよいのだろうか．

　一般の純水装置（小型純水装置）とセントラル純水装置の最大の違いは，精製された純水の保存状態である．セントラル純水装置では，配管中の広範囲にわたって純水が滞留することになり（図27　　　），塩素が除去された純水中では微生物が増殖しやすく，配管中での微生物増殖や，バイオフィルム（固着菌叢）の形成がみられる．いったん形成されたバイオフィルムは強固で，薬液洗浄や熱水洗浄を行っても，表面の細菌には効果があるが，内部の細菌は安定で，十分な効果を期待できない場合がある[28]．配管の微生物管理を行うには，サニタリー配管*を施し，かつ週に1度程度の定期的な熱殺菌などが必要であるが，頻繁なメンテナンスの実施は多額の費用を必要とし，さらに純水を採水できない期間が生じるなどの問題点もある．

　セントラル純水装置を利用している実在の施設において，各研究室の純水の水質（TOCおよび微生物数）を測定した（図28，29）．セントラル純水装置で精製された純水は，一般的な純水装置の水質と大きく変わらないにもかかわらず，研究室間で有機物量，微生物数ともに差がみられた．特に，微生物数の推移は目を

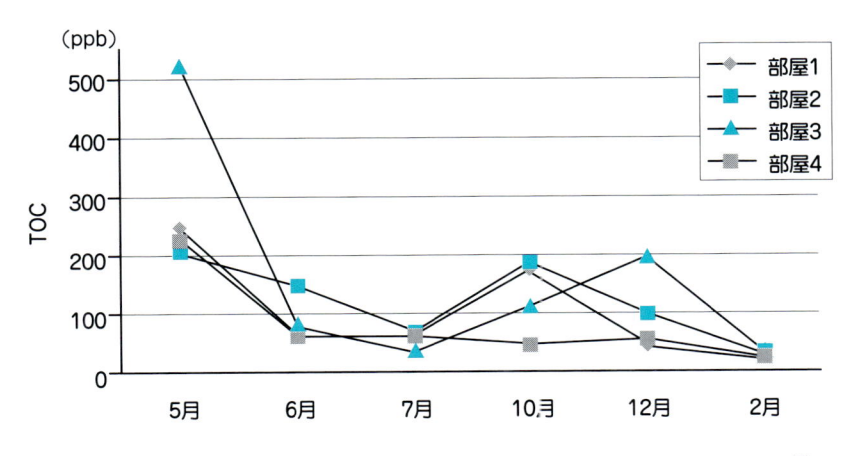

図28 ● セントラル純水水質の部屋間比較および季節変動（TOC）[27]

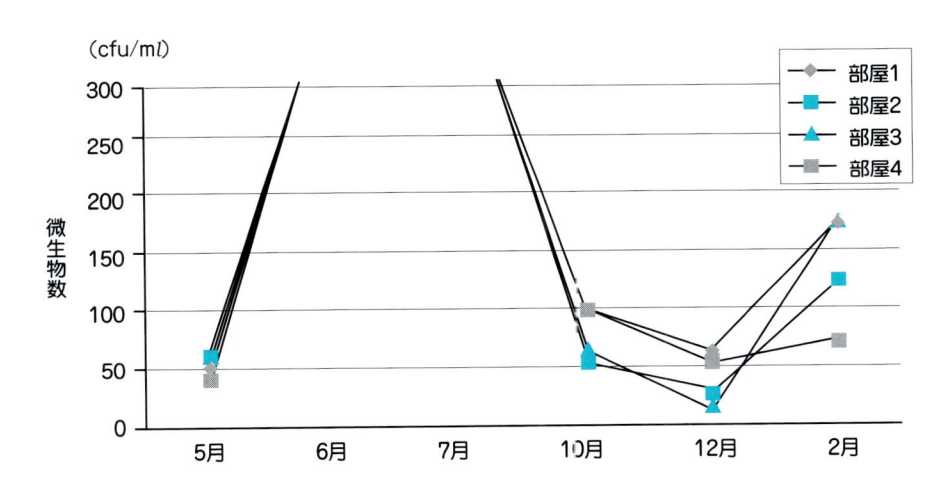

図29 ● セントラル純水中微生物数の部屋間比較および季節変動

疑うほどで，夏の間非常に高い値が計測された．**水温が高い夏の間，微生物の増殖が活発化し，バイオフィルムの形成が進んでいる**ことが示唆される．また，微生物の増加は代謝産物などによる有機物汚染を引き起こすことも考えられる．

以上の結果から，**セントラル純水装置を利用している場合，同じ施設内であっても，配管経路，採水場所あるいは採水時期によって水質が異なることがわかった**．また，施設内での水質管理が十分でない場合，精製直後の水質管理はされているが，各使用点では実施されていない例もある．もし使用者が水質の劣化に気づかなかった（疑わなかった）場合，原因がわからず実験に支障をきたすといった最悪のケースを迎える．純水中の浮遊微生物数の測定結果が良好であっても，わずかでも検出される場合には，どこかでバイオフィルムが形成されている可能性が高く，細菌に対する根本的な処置が必要になる．

表11 ● 小型純水装置とセントラル純水装置の比較

		小型純水装置		セントラル純水装置
水質の安定性	○	使用点での精製のため水質が安定している	×	長い配管により水質変動（季節・部屋間）がある．長い配管により微生物が増殖する
水質管理	○	製造点で使用しているため，水質は常に管理されている	×	使用点での水質管理はほとんど実施されていない
メンテナンス性	○	各部屋に置かれた装置であるためメンテナンスしやすい	×	セントラル純水装置のメンテナンスが中心で使用点での水質を配慮していない場合が多い
汎用性	○	水質・量ともに用途ごとに選べる．メンテナンスは各部屋の使用状況によって随時調整できる	×	水質・量ともに一般用．メンテナンス時には取水できない．（例：週に1回の熱滅菌など）
施設全体としての経済性（設置時）	○	各部屋の純水使用量にあったシステムを導入できる	×	配管（特にサニタリー）設置に高額な費用がかかる
施設全体としての経済性（メンテナンス時）	○	装置のメンテナンスを実施すればよい	×	配管のメンテナンスに高額な費用がかかる．一度汚染された配管は洗浄が非常に困難
システム管理者		純水使用者（実験者）が管理可		施設管理部門が必要

　これに対し，**塩素添加され，微生物の管理がなされている水道水は，最も管理が容易な供給水として用いることができる**．水道水を供給水として純水装置を各使用点に設置することで，使用者が使用時に水質を確認でき，かつ各実験室の状況にあわせてメンテナンスを実施することが可能になる．後述するが，小型純水装置では，装置の適切なメンテナンスを実施することで水質を維持し，タンクに保存される純水も紫外線照射によって微生物汚染を防ぐことができる（第Ⅳ部参照）．
　表11に小型純水装置とセントラル純水装置の違いをまとめる．

第Ⅱ部
水は実験結果を左右する

第Ⅱ部 水は実験結果を左右する
1 実験用途に応じた超純水の精製方法

- 実験によって，結果に影響する不純物は異なり，最適な精製方法で超純水を精製することが大切．
- 超純水精製では，有機物の分解には紫外線ランプ，生理活性物質の除去には限外ろ過膜が効果がある．

＊のついた用語は巻末用語集に解説があります

1 実験の目的により除去すべき不純物は異なる

　超純水は，分析に影響を与える不純物が除かれた水として，これまでさまざまな分析に用いられてきた（表12）．しかし，分析機器の高感度化，それに伴う測定目的成分の微量化が進むにつれ，さらに高純度な水が求められるようになっている．汎用性の高い分析装置を例に考えた場合，原子吸光＊，ICP-MS＊およびイオンクロマトグラフィーでは，分析対象となる金属元素やイオン性物質の不純物量がppb，さらにはppt以下の水が求められる．また，高速液体クロマトグラフィー（HPLC＊）やガスクロマトグラフィー（GC＊），各種質量分析（LC/MS，GC/MS）では，分析対象である有機物の不純物が極限まで除かれた超純水が必要となる．

　イオン交換樹脂，活性炭およびメンブランフィルターのみを精製方法とする従来の超純水装置では，現在の分析に適応できるレベルまで微量の不純物が取り除けていない場合がある．そこで，最新の超純水装置では，分析方法に応じて，測定目的物質の測定の妨げとなる物質を確実に除去できる精製方法が導入されている．本項では，代表的に用いられる2つの技術について述べる．

2 紫外線ランプによる有機物の分解

　代表的な有機物分析機器である液体クロマトグラフィー（HPLC）を用いて分析を行う場合，超純水は移動相の作成や試料の調製およびブランク水に使用される．超純水中に有機物が残存していた場合，バックグラウンドの上昇やゴーストピークを生じさせ，分析の妨げとなる[29]．最近では，質量分析器を組み合わせた

表12 ● 各種分析機器と測定対象

分析機器	測定対象	分野	測定目的成分
HPLC	有機分析	食品・薬品	アミノ酸, 糖, 有機酸, ビタミン, 有機化合物
LC/MS	有機分析	薬品	有機化合物
		生体試料	タンパク質
GC/MS	有機分析	環境試料	VOC, 農薬, 有害有機物, 臭気物質
		食品	脂肪酸
イオンクロマトグラフィー	無機/有機分析	環境試料・排水	陽イオン, 陰イオン, 窒素化合物, 炭酸イオン
		工業製品	遷移金属, シリカ, アンモニウムイオン
		薬品, 生体試料	硫酸イオン, 有機酸
		食品, 飲料	有機酸, アミノ酸, Mg, Ca, 糖, 塩素イオン
原子吸光, ICP, ICP-MS	無機分析	環境試料・排水	金属および金属化合物

分析装置（LC/MS）によって，さらに極微量の分析が可能になっており，より極限まで超純水中の不純物を取り除かなければならない．

一般に，超純水装置では，有機物を除去する目的で活性炭が用いられているが，水中のすべての不純物を吸着できるわけではない．そこで，それ以外の有機物を除く方法として，**紫外線ランプを超純水の流路内に導入して，短時間の照射（波長185 nm）を行い，有機物を酸化分解する方法が採用されている．さらに，紫外線により酸化分解された有機物はイオン化されて超純水中に残存するため，後段にイオン交換樹脂を配置する必要がある**（図30）．紫外線の効果を調べるため超純水中の有機物濃度（TOC[*]）を測定すると，未照射の場合と比べ約5分の1程度に低減できた（表13）．

③ 限外ろ過膜による生理活性物質の除去

バイオ実験では，液体培地の作成や各種バッファーの作成に超純水が用いられる．特に，酵素や抗体など生物由来の材料を実験で用いる場合には，これらが正しく機能するための最適条件を満たすことが重要で，超純水中に反応を阻害する物質やイオンなどが含まれてはならない．また，細胞培養においては，微生物由来の発熱性物質[*]の混入が問題となる．発熱性物質の1つであるグラム陰性菌外

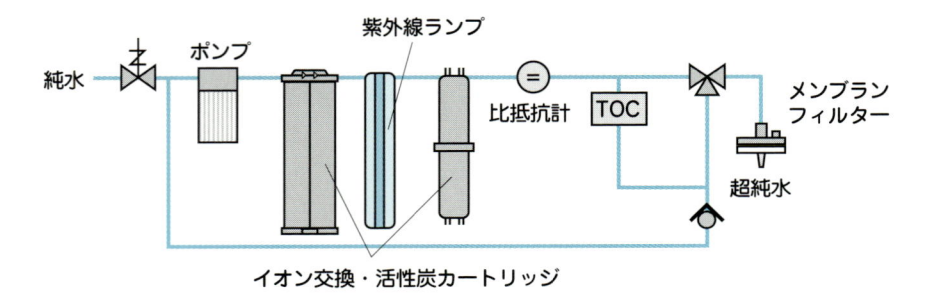

図30 ● 有機物を分解するために紫外線ランプを導入した超純水装置フロー図

表13 ● 紫外線ランプの導入による超純水中TOCの低減効果

	超純水 （紫外線ランプなし）	超純水 （紫外線ランプあり）
TOC	15	3

（単位：ppb）

表14 ● 限外ろ過膜および紫外線ランプによるエンドトキシン，RNaseの除去

	超純水 （限外ろ過膜なし， 紫外線ランプなし）	超純水 （限外ろ過膜あり， 紫外線ランプあり）
エンドトキシン濃度（EU/ml）	0.001〜0.1	< 0.00039
RNase濃度（ng/ml）	0.012〜0.440	< 0.003

　膜構成成分のリポポリサッカライド（lipopolysacaride：LPS）は，細胞表面の受容体に認識されると炎症反応を引き起こすことが知られている物質で，エンドトキシンと総称されている．一般にバイオ実験で用いる水は滅菌のためにオートクレーブ*されることが多いが，微生物の死骸は水中に残存してしまう．しかも，LPSは熱安定性を有するため，オートクレーブでは失活することができない．さらに，RNAを扱う実験では，核酸分解酵素（RNase）の混入が問題となるが同様にオートクレーブでは失活できない．そこで，**水中の生理活性をもつ物質を除去するために限外ろ過膜**（第Ⅰ部-3参照）**が採用されている**．

　また，限外ろ過膜だけではなく，紫外線ランプも併用することによって除去性能が向上する（表14，図31）．有機物酸化分解用の紫外線ランプは，185 nmの

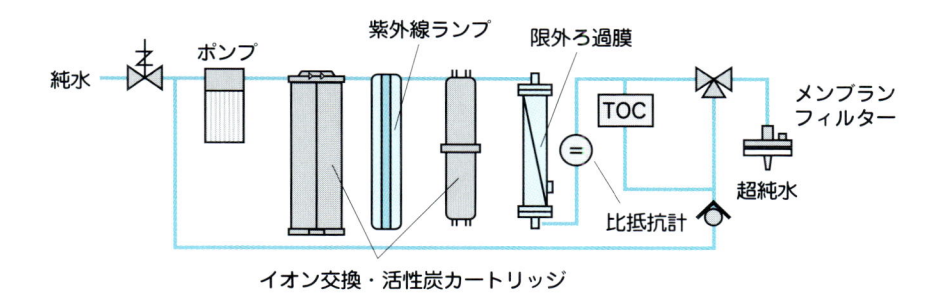

図31 ◉ 有機物を分解するための紫外線ランプおよび生理活性物質を除去するための限外ろ過膜を導入した超純水装置のフロー図

波長と同時に殺菌作用のある254 nmの紫外線を放出するため，超純水装置内で微生物が増殖する可能性を最小限にし，限外ろ過膜の負荷を最小限に保つことができる．

第Ⅱ部 水は実験結果を左右する
2 各種実験における水質の影響

- 実験によって，結果に影響する不純物は異なり，最適な精製方法で超純水を精製することが大切．
- ボトルに保管された水を実験に用いるときは，実験に適した水質であるか確認する．
- 実験中の水質変化による結果への影響に注意する．

＊のついた用語は巻末用語集に解説があります

① 有機物分析（HPLC，LC/MS）における水質の重要性

　　　液体クロマトグラフィー（HPLC＊）は，各種の有機物を分析できることから広い分野で用いられている分析装置である．汎用的な逆相クロマトグラフィーでは，アセトニトリルまたはメタノールと超純水を混合した移動相が用いられる．このとき，超純水中の有機物はカラムに保持され，移動相を切り替えたときに溶離し，バックグラウンドやゴーストピークの原因となるため，可能な限り有機物を除くことが重要である．

　　　TOC＊の異なる超純水を用いて移動相の調製を行ったところ，TOCとベースラインの上昇に相関性がみられた（図32）．用いる超純水のTOCが高い場合には，ベースラインの上昇とゴーストピークの発生が顕著になる．

1）HPLC，LC/MS分析に適した超純水の精製

　　　合成抗菌剤の成分である4種類の物質（CDX，SDMX，PMA，NCZ）のLC/MSによる測定において，水質の影響について調べた結果，紫外線照射した超純水を用いた場合に，ベースラインが一定で，シャープなピークが得られた．一方，紫外線照射していない超純水を用いた場合には，バックグラウンドと目的成分のピークが重なって，正しく分析できていないことがわかった（図33）．このように，超純水装置に紫外線ランプを導入することで，LC/MSによる微量有機物分析にも適用できる超純水を精製することができることが確認された（第Ⅱ部-1参照）．

　　　紫外線ランプを導入した超純水装置を用いても，測定のノイズなどが解消されない場合，試薬の純度も確認する必要がある．また，調製した同一溶液を長時間

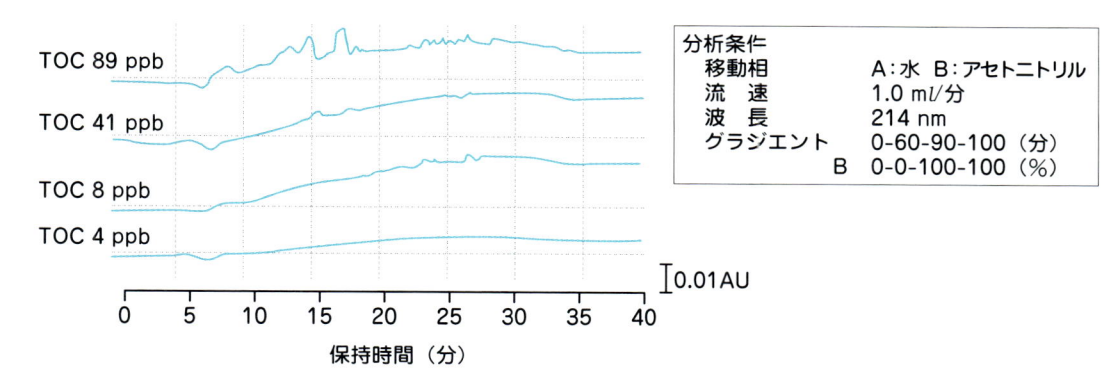

図32 ● 超純水中有機物濃度によるベースラインの違い

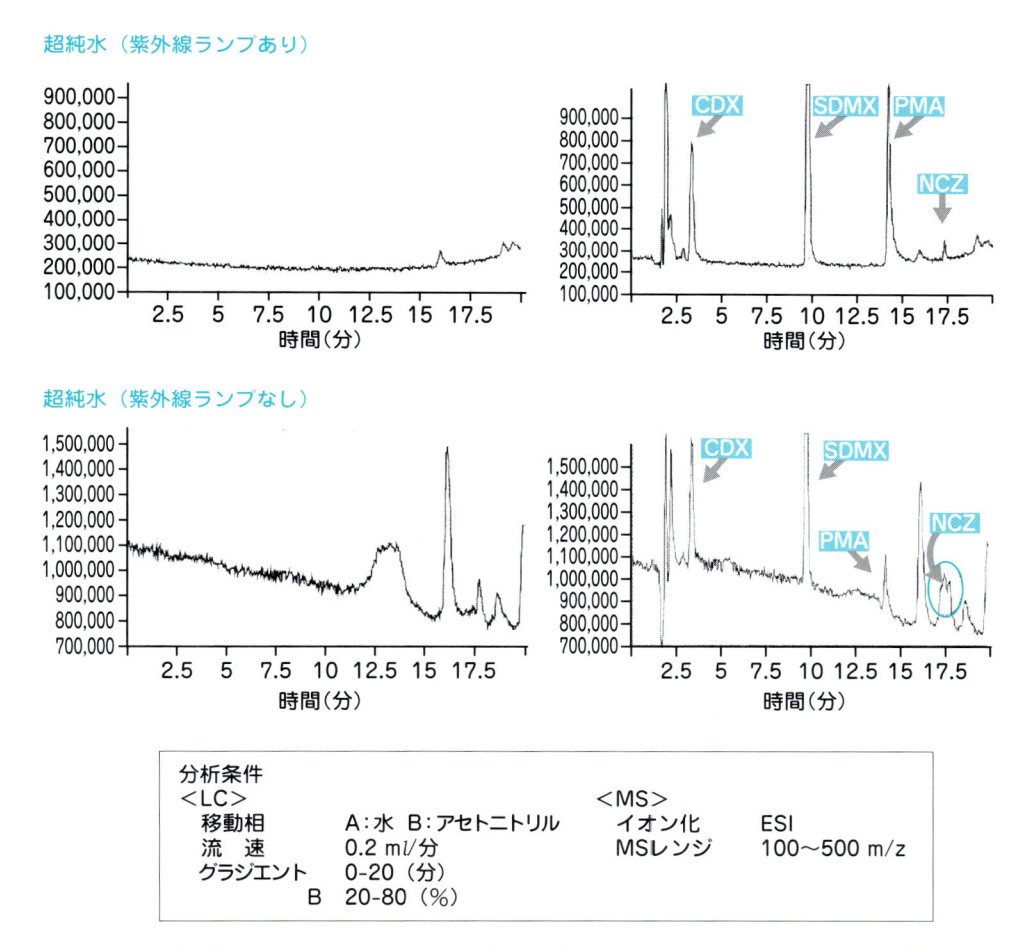

図33 ● 超純水装置に紫外線ランプを装着することのLC/MSにおける効果

　放置すると蒸発による組成の変動が生じたり，水系の溶離液や緩衝液の場合には長期間の保管により，微生物の混入および増殖が起こることがある．試薬類は，できる限り用時調製することが望ましい．また，超純水の使用方法によっても測

表15 ● 市販HPLC用水および超純水のTOC濃度

Water	TOC (ppb)
HPLC-grade water A	100
HPLC-grade water B	87.0
HPLC-grade water C	777
HPLC-grade water D	16.5
HPLC-grade water E	32.4
HPLC-grade water F	25.5
Milli-Q Gradient	4.0

定に影響を与えることから，採水方法から正しい試薬類の調製方法まで，十分な知識が必要になる（第Ⅲ部参照）．

2）市販HPLC用水を用いる場合の注意点

　市販されているHPLC用水を分析に用いるケースも多い．市販HPLC用水は，紫外吸光をもつ不純物が除去されるよう品質管理され，バックグランドが生じないように配慮されている．しかし，品質管理で吸光度が低いことが確認された水であっても，総有機物量（TOC）を測定すると，高い値を示すことがある（表15）[29]．

　さらに，液体クロマトグラフィーにより分離した試料を，その後イオン化して質量を分析するLC/MSは，より高感度な分析であるため，使われる水中の有機物が極限まで低減されていることが求められる．このとき，市販HPLC用水では，LC/MS分析に適さない場合があるので注意が必要である．超純水（紫外線ランプあり）と市販HPLC用水をそれぞれカラムに60分間通水した後，グラジエント溶離させてLC/MSで測定したところ，HPLC用水のノイズの発生が顕著であった（図34）．

　HPLC用水をLC/MSに用いる場合には，あらかじめ測定を行って，ブランク水に適しているか確認する必要がある．紫外線吸収によるHPLC用水の品質管理では，LC/MSにおいて，ロット差が生じる場合があるので注意が必要である．

❷ イオンクロマトグラフィーにおける水質の重要性

　イオンクロマトグラフィーは，水溶液中のイオン成分を分離して分析する装置で，超純水は電解質水溶液である溶離液の作成や，試料の抽出・希釈，ブランク水として用いられる．また，排ガス中の陰イオン分析や半導体分野のクリーンルーム環境中のイオン分析では，気体中のイオンの捕集液としても用いられている．イオンクロマトグラフィーの測定対象は多岐にわたり，海水や河川水，地下水などの環境中のイオン分析にも用いられる．また，水に溶解している有機物も，有機酸として測定することが可能で，食品や医薬品の分析に用いられていることから，特に，有機酸の分析においては，水中の有機物を低減することが求められる．

超純水（紫外線ランプあり）

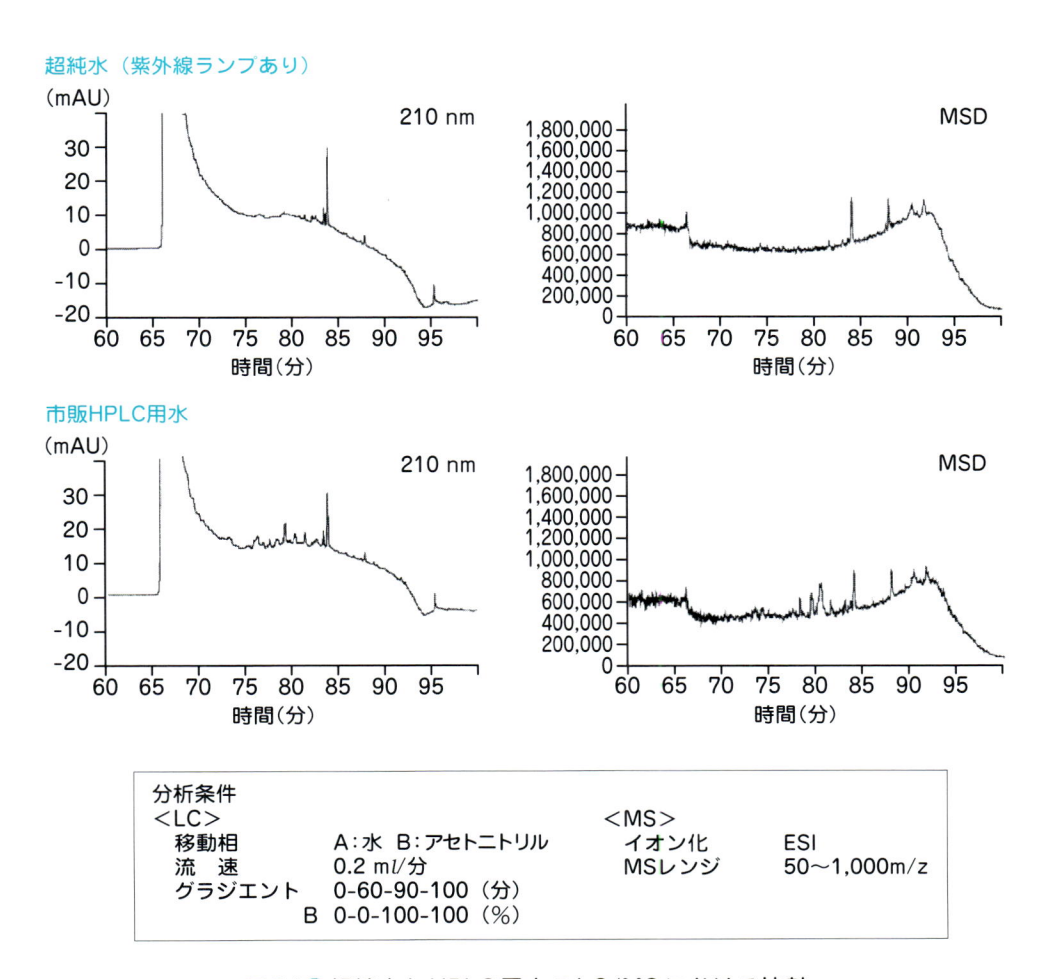

図34 ● 超純水とHPLC用水のLC/MSにおける比較

分析条件
<LC>
　移動相　　　A：水　B：アセトニトリル
　流　速　　　0.2 mL/分
　グラジエント　0-60-90-100（分）
　　　　　　　B 0-0-100-100（%）

<MS>
　イオン化　　　ESI
　MSレンジ　　50～1,000 m/z

イオンクロマトグラフィー分析に適した超純水の精製

　超純水の精製方法の違いによるイオンクロマトグラフィーへの影響を調べるため、陰イオンおよび有機酸分析を実施したところ、超純水精製に紫外線ランプを導入した装置で、ギ酸のピークを低減することができた．（図35，表16）．

　イオンクロマトグラフィーで、ブランク水中に特定のイオンのピークが現れるなどの問題が発生した場合、使用した超純水の純度の確認と合わせて、採水方法や採水容器からの汚染、オートサンプラー、インジェクターにおける汚染などの可能性についても検証する必要がある．試薬調製の際に、誤って純水に指を触れてしまった場合、陰イオンおよび有機酸分析において、図36に示すクロマトグラムが得られた．容器からの溶出が分析に影響を与えることもあり、適切な容器を用いることも重要である（第Ⅲ部参照）．また、溶離液に用いる試薬のメーカーや純度によっても結果が異なることがあるので、予備試験を行い最適なものを選択する必要がある．

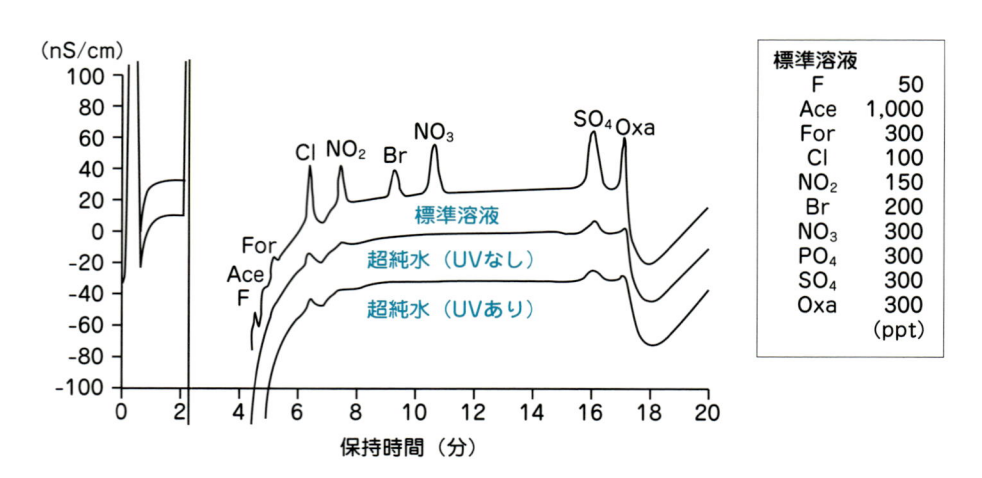

図35 ● 超純水の精製方法の違いによるイオンクロマトグラフィー[30]

標準溶液	
F	50
Ace	1,000
For	300
Cl	100
NO₂	150
Br	200
NO₃	300
PO₄	300
SO₄	300
Oxa	300
	(ppt)

表16 ● 紫外線ランプの導入による超純水中有機酸の低減効果

	超純水 （紫外線ランプなし）	超純水 （紫外線ランプあり）
酢　酸	ND	ND
ギ　酸	63	ND
シュウ酸	ND	ND

（単位：ppt）

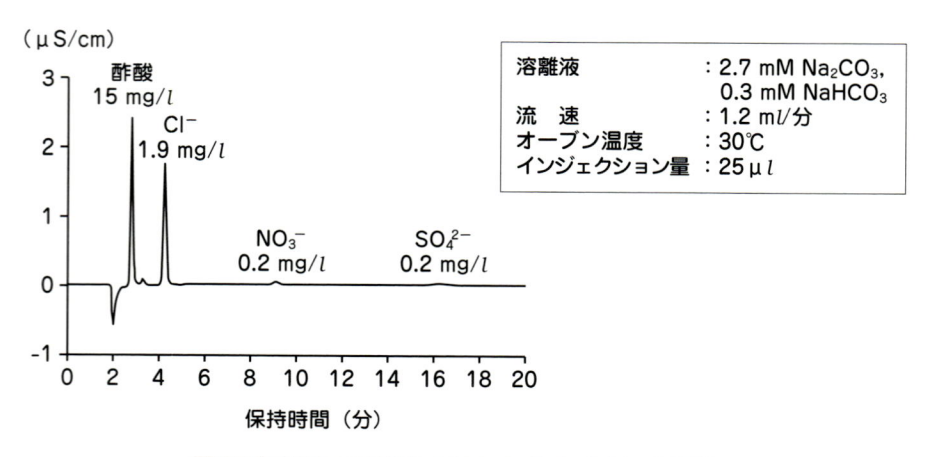

溶離液　　　　　：2.7 mM Na₂CO₃,
　　　　　　　　　0.3 mM NaHCO₃
流　速　　　　　：1.2 ml/分
オーブン温度　　：30℃
インジェクション量：25 μl

図36 ● 超純水に指をつけたときのイオンの汚染
（提供：日本ダイオネクス株式会社）

イオンクロマトグラフィー分析のトラブルシューティング

● 超純水装置のチェックポイント

☐ 超純水装置の供給水にイオン交換水などを使っていませんか？
 （これらの水を超純水装置に供給した場合，短時間でイオンの破過がみられる，超純水カートリッジの寿命が短くなるなどが報告されています．）

☐ 超純水装置のカートリッジおよびフィルター類は適切な時期に交換されましたか？

☐ 超純水装置を長期間停止しませんでしたか？
 （長期間停止させた場合は，再立ち上げ時に新しいカートリッジおよびフィルター類に交換して下さい．）

☐ 新しいカートリッジおよびフィルター類に交換した後は，正しい立ち上げ手順を行い，水質が安定した状態に復旧していますか？

● 採水時のチェックポイント

☐ 初期排水を充分行っていますか？
 （超純水装置から数時間以上採水していなかった場合，採水口に滞留した水が環境から汚染されたり，装置内に滞留した水が配管材質からの溶出により汚染され，所定の水質が得られない場合があります．初流から最低でも1ℓ，極微量分析の場合はそれ以上排水してから分析用水を採水して下さい．）

☐ 超純水は，容器に這わすように静かに採水していますか？
 （採水時に泡が立つと空気中の不純物を巻き込む可能性が高くなります．）

☐ 採水後，ただちに測定していますか？

● サンプル注入時のチェックポイント

☐ サンプル採取口はきれいですか？

☐ 直前に高濃度（ppmレベル）サンプルを注入していませんか？

☐ 長期間，装置を休止していませんでしたか？

☐ サンプルループ，濃縮カラムを直前に交換していませんか？
 （この場合，pptレベルの分析を安定して行えるようになるまでに時間がかかる場合があります．超純水での注入洗浄操作を繰り返す必要があります．）

● 分析装置のチェックポイント

☐ カラム上端（入口側）に塩が析出していませんか？

☐ カラム交換時に，カラムの上端に溶離液が付着したまま乾燥させてしまうケースがあります．この場合，カラム上端を超純水で洗浄してから使用して下さい．

● 溶離液からのコンタミの確認方法
□ 汚染の可能性がある溶離液を，段階希釈して測定することにより，コンタミの有無を確認することができます．

3 VOC・環境ホルモン分析における水質の重要性

　揮発性有機化合物（volatile organic carbon：VOC*）および内分泌攪乱化学物質（環境ホルモン）は，工業製品の原材料として用いられている物質である．しかし，幅広い利用価値の反面，毒性や生体への長期的な影響が問題視されており，現在，排水基準，環境基準などによって厳しく管理されるとともに，環境測定が行われている物質である．これらの物質の測定は，作用濃度がきわめて低いことから，pptあるいはそれ以下の検出感度が求められている．そこで，試料の希釈やブランク水として用いられる超純水は，それを上回る純度でなければならない．

1）VOC・環境ホルモン分析に適した超純水の精製

　超純水装置の多くの部材はプラスチックで構成されていることから，超純水への可塑剤の溶出が懸念されるため，極低溶出の素材が選択された装置を用いなければならない．また，水中の有機物を分解するため，紫外線ランプを導入することが重要である．さらに，吸着性が高い活性炭を充填したカートリッジによって採水直前で精製することが必要になる場合がある（図37）．環境ホルモンの分析法の中には，試験に用いる水から同物質を除くために，有機溶剤と混合することによって除去を行う方法が推奨されている場合があるが，活性炭カートリッジにより，不要な有機溶剤の使用を低減できるとともに，分析用水精製の手間を大幅に削減できる．

　輸液バックやチューブなどの医療用具にはポリ塩化ビニルが使われている場合が多く，脂溶性の高い医薬品をこれに用いると可塑材のフタル酸エステル（環境ホルモン）が溶出する恐れがあるため，環境ホルモンの測定試験の実施が求められている．**その実験方法が通達（医薬安全発1017002号）に示されており，「（7）精製水 ミリポア社製 EDSポリッシャー付精製水装置にて精製したもの」と記載されている．**紫外線ランプおよび活性炭カートリッジを導入した超純水装置を用いることにより，環境の影響を受けずに，一定の水質を精製することができる．また，VOC分析では，実験操作中の環境からの汚染も顕著であることから，採水方法についても十分注意が必要である（第Ⅲ部参照）．

2）市販水を用いる場合の注意点

　VOC分析におけるブランク水として，簡単に購入できるペットボトル入り天然水が用いられることがある．しかし，**ペットボトルを実験室環境に保管した場合**

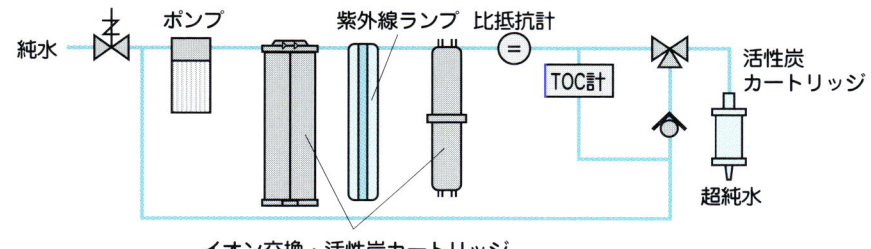

図37 ● 活性炭カートリッジを導入した超純水装置のフロー図

表17 ● 保管にともなうミネラルウォーターの汚染（ジクロロメタン）[31]

Lot	保管前	1カ月後
A	<0.01	<0.01
B	<0.01	0.95

（単位：ppm）
※保管した環境のジクロロメタン濃度：42ppmv

には，未開封でも汚染される可能性がある．そこで，1週間に1回程度ジクロロメタンを使用する実験室に保管したときの，1カ月後のボトル水の変化を測定した（表17）．その結果，あるロットにおいて，ジクロロメタンの汚染が確認された．すなわち，どんなに精製された水であっても，保管によって環境の影響を受ける可能性があり，ブランク水として用いる水は適切な方法で用時に精製することが望ましい．

④ 微量金属分析（ICP-MS）における水質の重要性

　ICP，ICP-MSは，ほぼすべての元素を一斉分析できることから，半導体産業，原子力分野および環境分野などで広く使用されている分析機器である．特にICP-MSは，極微量金属の分析が可能であることから，測定に用いる水中の金属は極限まで除かれていることが求められ，超純水の精製方法によって結果が左右される場合がある．

微量金属分析に適した超純水の精製

　超純水装置の精製方法の中で，イオンの除去を担っているのはイオン交換樹脂であり，樹脂の吸着能力を維持する機構がICP-MSのバックグラウンドの低減に有効である．イオン交換樹脂は，官能基の飽和によって除去能力が低下するだけではなく，樹脂表面への有機物や微生物の付着によっても性能低下が起こっている．このため，イオン交換樹脂の前段に有機物酸化分解用の紫外線ランプを配置し，樹脂の汚染を防ぐことによって，除去性能を維持することができる（図38）．また，超純水装置内で使用される配管は，金属の溶出がきわめて少ない素材が用

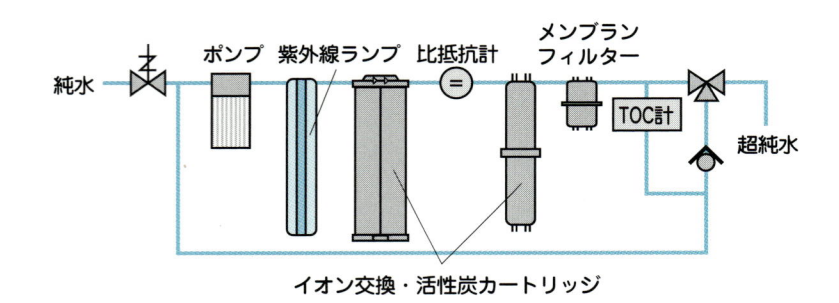

図38 イオン除去性能を維持する目的で紫外線ランプを導入した超純水装置

いられていなければならないが，配管以外の部材（継手など）も溶出の可能性を増すため，可能な限り余計な部材を減らすことが水質の改善につながる．さらに，2つあるカートリッジのうち前段のカートリッジの直後に比抵抗計を配置することで，樹脂の劣化を早期に検知し，新しいイオン交換樹脂に交換することで，高い水質を維持することができる[32]．こうした超純水装置を用いることによって，多くの元素をppt以下の感度で測定することが可能になる．

一方で，ICP-MS分析の検出感度は，実験環境や用いた容器，試薬からの汚染によって決まることも多い．超純水や試薬を扱う操作は，クリーンルームやクリーンベンチを用いて行う必要がある．また，極微量無機イオンを分析するための容器は高純度の酸で十分に洗浄し，金属イオンの溶出が少ないPFA*などの材質の選択が必要である（第Ⅲ部参照）．そのほか，ネブライザー中の気泡の発生が測定に影響する場合があり，超純水中の溶存ガスを取り除くなどの対策によって，K，Caのようなアルゴンの影響を受ける元素の測定でシグナルの安定化が期待できる．

ICP-MS分析のトラブルシューティング

● 超純水装置のチェックポイント

☐ 超純水装置の供給水にRO水，蒸留水，イオン交換水などを使っていませんか？
 （これらの純水を供給した場合，短時間でイオンの破過がみられる，もしくは超純水カートリッジの寿命が短くなるなどが報告されています．）

☐ 超純水装置の採水口や分析機器は，クリーンルームやクリーンベンチなど，汚染を最小限に抑えることができる環境に設置されていますか？

☐ 超純水装置のカートリッジおよびフィルター類は適切な時期に交換していますか？

☐ 超純水装置を長期間停止していませんでしたか？
 （しばらく採水しないときも定期的に超純水装置内の水を循環させることで，水質を保つ

ことができます．長期間停止させた場合は，再立ち上げ時に新しいカートリッジおよびフィルター類に交換して下さい．）

☐ 水道水のホウ素レベルは高くないですか？
（ホウ素は，超純水装置でも除去しにくい元素の1つです．水道水のホウ素レベルが500 ppb以上ある場合，通常のシステムではホウ素の破過が簡単に起こる可能性があります．）

☐ 新しい消耗品に交換した後は，正しい立ち上げ手順を行い，十分な性能に達していることを確認していますか？

● 採水時のチェックポイント

☐ 初期排水を十分行っていますか？
（超純水装置から数時間以上採水していなかった場合，採水口に外部からの逆汚染や，滞留した水への配管材質への溶出により初流の元素濃度が高くなる傾向があります．初流から最低でも1 l，極微量分析の場合は，それ以上を捨ててから分析用水を採水して下さい．）

☐ 超純水を容器に這わすように静かに採水していますか？
（採水時に泡が立つと空気中の不純物を巻き込む可能性が高くなります．）

☐ 採水後，ただちに測定していますか？

● ICP-MSのチェックポイント

☐ 分析機器は適切なチューニングで運転していますか？
（K，Ca，FeなどのAr分子イオンの影響がある元素は最も適切なチューニングが必要です．また一般的にチューニングに敏感に反応しないと考えられているBの分析においても，チューニングを適切にすることでバックグラウンドが10倍程度変わることがあります．チューニングについては分析機器メーカーにお問い合わせ下さい．）

☐ ネブライザーは正しく働いていますか？
（Ar分子イオンの影響を受ける元素は，特にネブライザーのコンディションで敏感に感度が変わります．）

☐ 分析機器の導入部に，溶出の多い材質を使っていませんか？
（導入系にペリポンプを使うと，チューブからの汚染の可能性があります．）

☐ オートサンプラーを使っていませんか？
（オートサンプラーなどは汚染の原因になる可能性があります．）

● 分析に使用する器具のチェックポイント

☐ 試薬は極微量分析に適した高純度なものを使っていますか？

☐ 試薬類は，開封後は汚染がない環境で保管していますか？

☐ 採水容器は溶出の少ない材質（PFA，PE）のものを使っていますか？

☐ 採水容器の酸洗浄を行っていますか？

□ 容器の保管時は高純度酸を封入して，内壁のイオン溶出を最低限に保っていますか？

□ 希釈に使用するチップなどからの汚染がないことをチェックしましたか？

⑤ 細胞培養における水質の重要性

　水中にはさまざまな微生物が存在しており，それらの代謝産物も混入している可能性が高い．特に，エンドトキシンと総称される発熱性物質*は，生体試料に対して作用し炎症を引き起こす．培地の作製に用いる水では，これらの物質を確実に除くために，限外ろ過膜を用いた装置を用いることが有効である．

　細胞培養に影響を与える物質の除去性能を調べるため，2種類の水で作製した無血清培地を用い，神経幹細胞を培養した（図39）．その結果，限外ろ過膜および紫外線ランプで精製した超純水を用いて調製した培地で培養された細胞は，繊維芽細胞様の形態を示し良好に伸展していたのに対し，超純水（限外ろ過膜なし，紫外線ランプなし）で調製した培地では丸い形態を示す細胞がみられ，細胞の増殖に対し阻害作用がみられた．

⑥ RNAを扱う実験における水質の重要性

1）DEPC処理の手間と弊害

　これまで，RNAを扱う実験では，用いる水や試薬中のRNaseを失活するために，DEPC（diethylpyrocarbonate）処理が用いられてきた．水にDEPCを0.1％程度添加し，スターラーなどで数時間撹拌してRNaseを失活させた後，DEPCを分解するためにオートクレーブを行って作製される．しかし，作製に手間がかかるうえ，**DEPCは発癌性や細胞毒性があり**[37]，さらに，**各種酵素反応を阻害することが報告されている物質である**．わずかでも残存していた場合には，実験に影響を

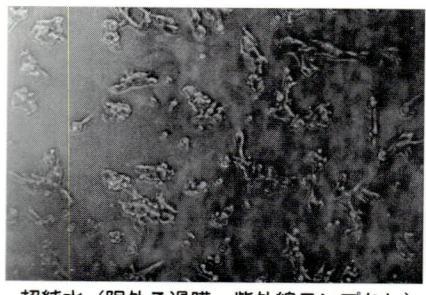

超純水（限外ろ過膜，紫外線ランプなし） 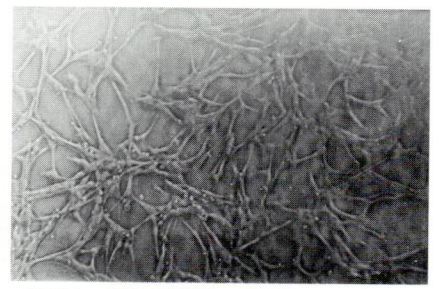　　　超純水（限外ろ過膜，紫外線ランプあり）

図39● 精製方法の異なる超純水を用いた神経幹細胞無血清培養の結果[34]

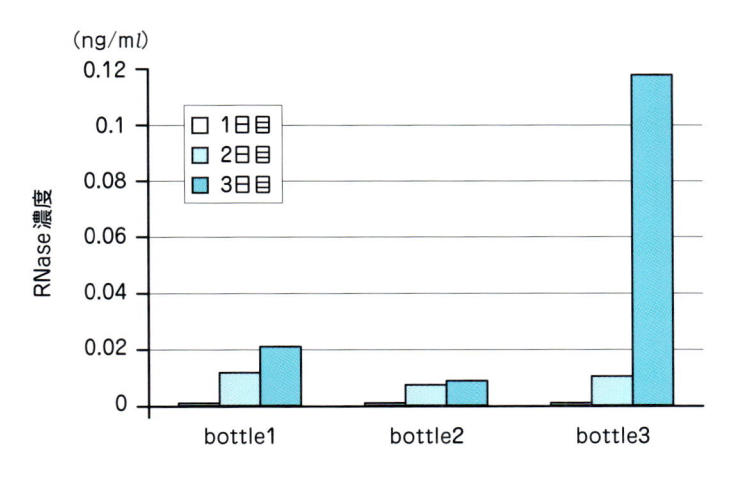

図40 ● RNaseフリー水使用時の環境からの汚染 （文献35より引用改変）

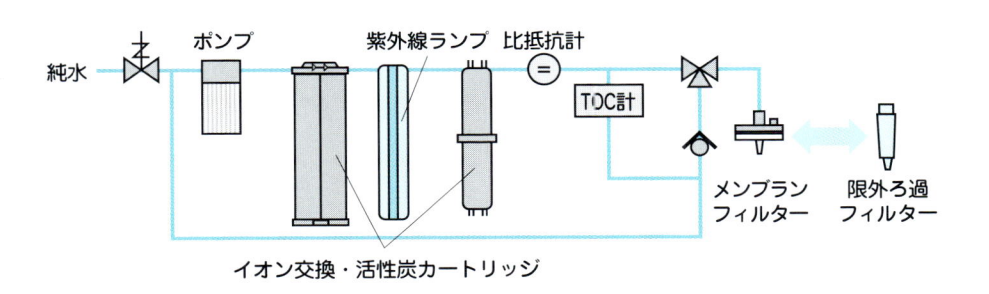

図41 ● 超純水装置を利用した限外ろ過膜によるRNaseフリー水の用時精製方法

与えてしまうリスクがあり，可能な限り使用しないことが望まれる物質である．また，DEPC処理によってRNaseフリー水を作製しても，長時間保管した場合には，環境中に残存するRNaseの混入や微生物の混入による汚染の可能性が高い．RNaseフリー水を3本購入し，同じ環境下で，1日数回の開封作業を3日間繰り返した（図40）．いずれのボトルも，日数が経過するとともにRNase濃度が上昇しており，実験室保管する水のRNase汚染の様子がわかった．さらにあるボトルでは，誤って採水口を手で触れるか，唾液や汗などのエアロゾルが混入したのか，RNase濃度が顕著に上がった例もみられた．

2）超純水装置によるRNaseフリー水の精製

RNaseフリー水の用時精製の方法として，超純水装置を利用し，限外ろ過膜（分画分子量13,000）を装着することによって精製することも可能である（図41）．前処理工程で十分に不純物量が低減され，装置内の汚染が少ない超純水装置では，限外ろ過膜を使用することで，分子量が10,000～30,000程度の大きさを有することが知られるRNaseを，確実に除去することができる．用時調製法によるRNase

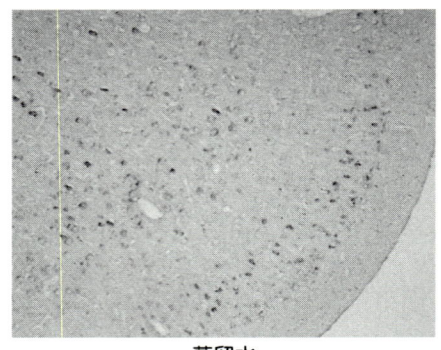

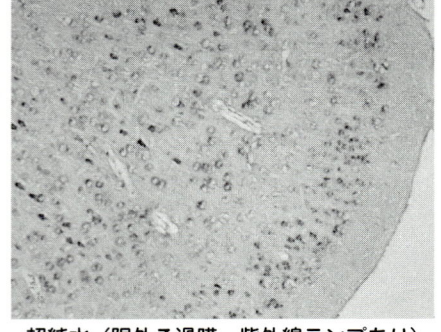

蒸留水　　　　　　　　　　超純水（限外ろ過膜，紫外線ランプあり）

図42● マウス脳組織切片のβアクチン in situ ハイブリダイゼーション結果[38]
（提供：ベンタナジャパン株式会社）（文献10より転載）

フリー水を実験に用いることで，DEPC処理による実験への弊害をなくすことができる．

　RNaseフリーの条件で実験を行うことが求められる in situ ハイブリダイゼーションにおいて，水質影響を調べた（図42）．比較には2種類の水（限外ろ過膜および紫外線ランプを有する超純水と蒸留水）を用意し，パラフィン埋包切片を浮かべる水，および各種バッファーの希釈液の作製に用いた．その結果，超純水を利用した場合に比べ，蒸留水を用いた場合に，得られるシグナル強度が減少した．このことから，RNAを扱う実験では，試薬や水の保管に伴いRNaseの汚染が起こる可能性があり，用時調整したRNaseフリー水を利用することが望ましい．

第Ⅲ部
超純水を使用するために
守るべき10のルール

第Ⅲ部 超純水を使用するために守るべき10のルール

*のついた用語は巻末用語集に解説があります

超純水の性質と使用時の注意点

超純水は，単に「不純物の除かれたきれいな水」ではなく，本来のH_2Oの性質をもった液体であり，言わば試薬と同様，正しい取り扱い方法を知らなければ，正しい実験結果を得ることができなくなってしまう．そこで，本項では，超純水を正しく使用するために守るべきポイントを10のルールにまとめた．

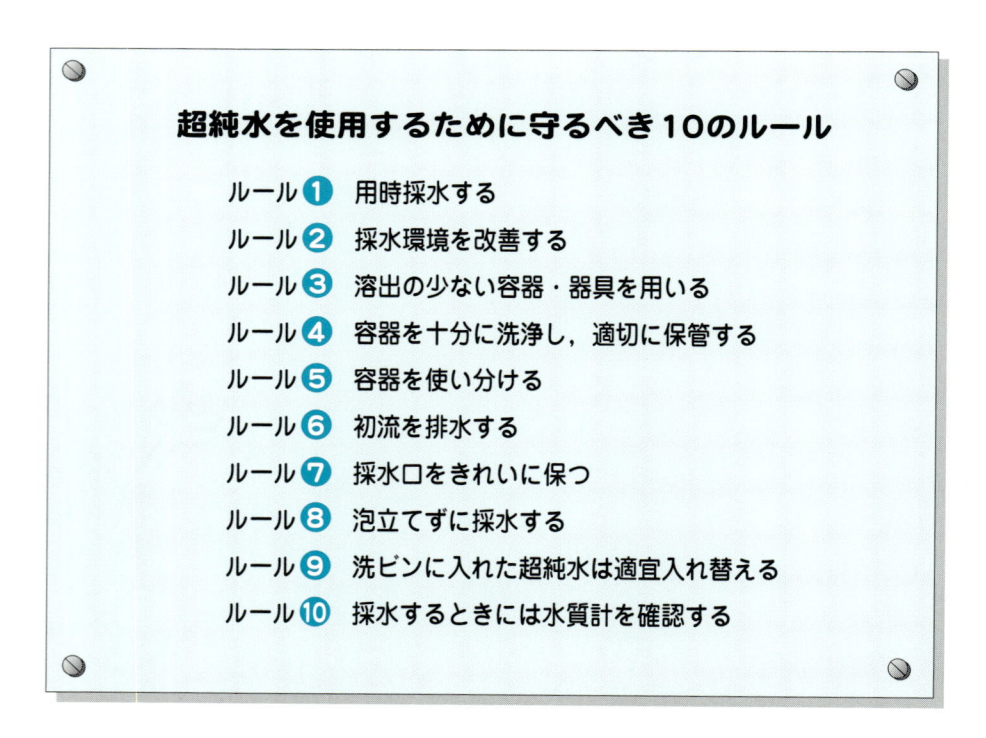

超純水を使用するために守るべき10のルール

- ルール❶　用時採水する
- ルール❷　採水環境を改善する
- ルール❸　溶出の少ない容器・器具を用いる
- ルール❹　容器を十分に洗浄し，適切に保管する
- ルール❺　容器を使い分ける
- ルール❻　初流を排水する
- ルール❼　採水口をきれいに保つ
- ルール❽　泡立てずに採水する
- ルール❾　洗ビンに入れた超純水は適宜入れ替える
- ルール❿　採水するときには水質計を確認する

超純水10のルール

ルール1：用時採水する

　超純水は"ハングリーウォーター"とよばれるほど，物質を溶解させやすい性質をもつ．導電性物質の量を表す比抵抗値によって，採水後の超純水の汚染度を経時的に観察すると，きわめて速く低下することがわかる（図43）．比抵抗値の低下に大きく寄与しているのは，精製工程で除かれた導電性物質や，空気中の二酸化炭素が再溶解しているためである．精製工程で除かれたすべての不純物が，再び，すぐに溶け込むわけではないが，取り扱い方法を誤ると，実験結果に影響を及ぼす程度の汚染を受ける可能性がある．

　例えば，実験操作を行う場所まで運ぶという一連の操作によって超純水は実験室の空気と接触し，汚染する．また，器具や容器に触れることで溶出が起こる可能性がある．

　以上のことから，超純水は実験に用いる直前に超純水装置から採水する（用時採水）ことが望ましい．

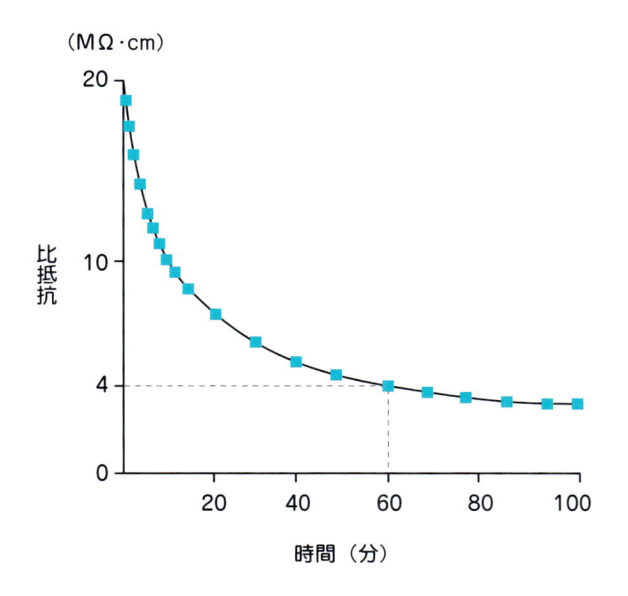

図43 ● 超純水採水後の比抵抗値の変化

ルール2：採水環境を改善する

　超純水の水質は，実験室の立地，使用している試薬，換気状態などによって汚染度が異なる．超純水を異なる環境下（分析機器室，微生物実験室，溶媒保管室）に1時間放置し，陰イオン，陽イオンおよびVOCの汚染量を測定した結果，溶媒保管実験室に保管した超純水中の陰イオン（特に塩化物イオン）やVOCの汚染が著しいことがわかった（図44〜46）．これは，実験室に保管されていた塩酸，ジクロロメタンおよびクロロホルムが揮発し，空気中に有機溶媒が拡散している

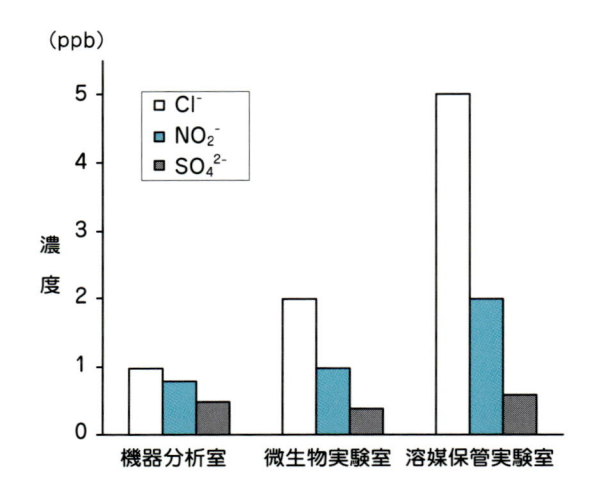

図44 超純水の環境からの汚染（陰イオン）

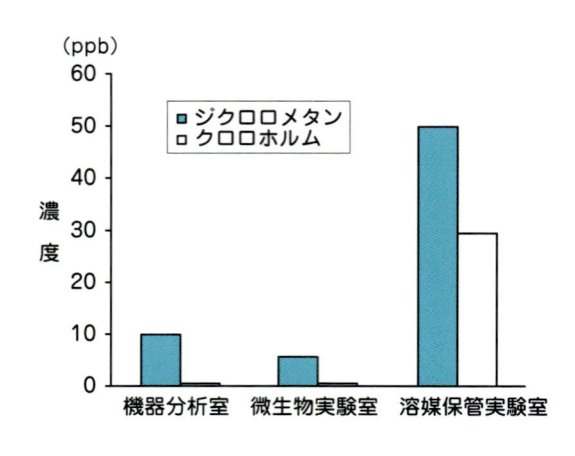

図45 超純水の環境からの汚染（VOC）

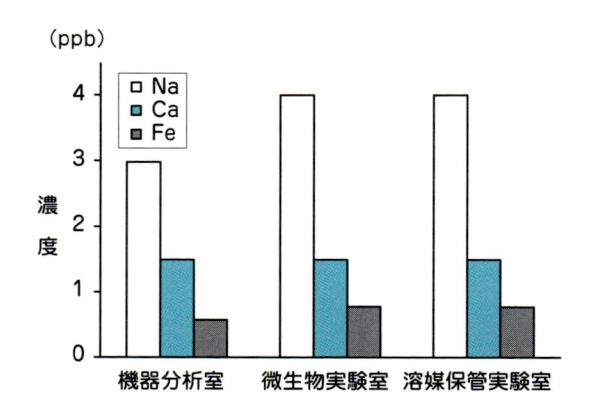

図46 超純水の環境からの汚染（陽イオン）

表18 超純水の環境からの汚染（金属元素）[39]

元素	一般実験室	クリーンルーム
Na	37	5
K	51	6
Ca	140	7
Mg	15	0.6
Fe	250	<5
Ni	2	<0.2
Cr	1	<1
Al	66	0.6
Pb	6	<0.1
Zn	30	4

（単位：ng）

※超純水10mlを一般実験室およびクラス10,000のクリーンルームに8時間放置

ためであると考えられる．さらに，汚染量に注目すると，通常，採水直後の超純水中の陰イオン，陽イオンおよびVOC濃度は数〜数十pptまで低減されているが，1時間後の濃度は数〜数十ppbに達しており，数百〜数千倍に増加していることを意味する．

　一方で，陽イオンの汚染に注目すると，保管した環境の差があまりみられなかった．これは，どの環境においても，ほぼ同程度の陽イオンが環境中に存在していることを意味する．特に，**pptレベルの微量の金属元素分析を行う場合には，一般実験室環境からの金属元素の汚染は無視できるレベルではないため，クリーンルームやクリーンベンチなど，環境中の不純物濃度を低減するための対策を施し，その中で超純水を取り扱う必要がある**（表18）．

　また，VOCの汚染濃度が比較的高かったのは，VOC分析を行っている実験室では，溶媒抽出の際に用いられている有機溶剤の保管量，使用量ともに多いことが原因となっていると考えられる．このように，汚染物質の濃度が高い環境下では，いくら気をつけて超純水を取り扱っても汚染してしまうため，**超純水装置を設置する場所を，有機溶媒を取り扱う部屋から隔離する**などの対策が必要である．また，分析装置の中には，分析に必要な超純水を，超純水装置から直接チューブで供給することにより，外気による汚染の影響を改善している例もある．また，油性ペンにはエチルベンゼンやトルエン，修正液には1.1.1-ジクロロエタンを溶剤として用いている場合があり[42]，試薬調製時に付近で使用したことで，超純水を汚染していることがあるので注意する必要がある．

ルール3：溶出の少ない容器・器具を用いる

　超純水の溶解能力は非常に高いため，容器材質に含まれる物質を溶出させ，分析結果に影響を及ぼすことがある．採水した後，各種容器に保管した超純水を，HPLCおよびイオンクロマトグラフィーを用いて分析した結果，容器の材質および保管期間によって汚染度が異なることがわかった（図47，表19）．

　HPLCによる測定の結果，ガラス容器に比べ，プラスチック容器を用いたときにバックグラウンドが高くなることがわかった．また，プラスチック容器では保管期間に応じて増大しているピークがみられ，容器材質に含まれている特定の物質の溶出が認められる．一方，ガラス容器では，特定のピークの増大は認められなかった．すなわち，**有機物分析では，ガラス容器の使用が適している**ことがわかった．

　一方，イオンクロマトグラフィーにより3種類のプラスチック容器を用いて，陰イオン分析を行った結果，**ポリプロピレン製容器の溶出が最も低い**ことがわかった．このように，容器素材によって，溶出量および溶出する物質は異なるため，分析対象に応じ，溶出の少ない容器を選択する必要がある．このほかにも，微量元素分析を行うための**金属元素の溶出が少ない容器**としては，一般にフッ素

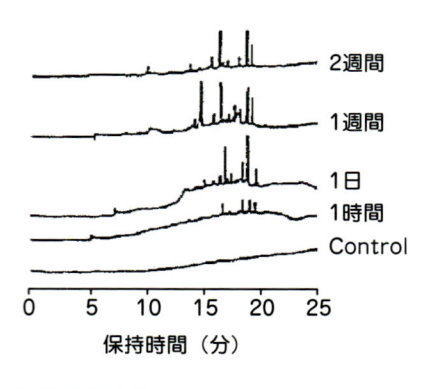

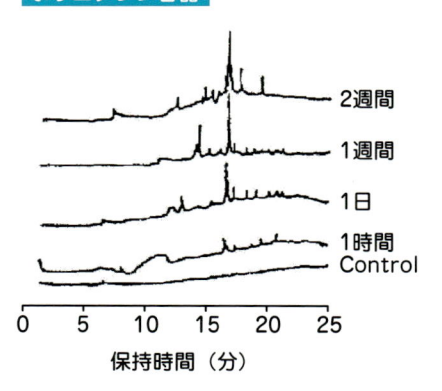

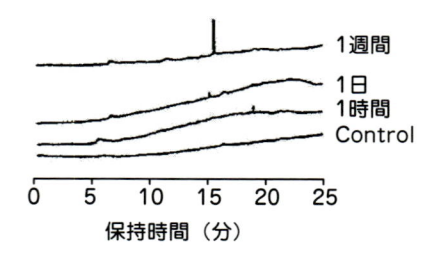

図47 ● 超純水の容器からの溶出による超純水の汚染（HPLCによる分析）[40]

超純水 10 のルール

表19 ● 超純水の容器材質からの汚染（陰イオン）[41]

	Cl^-	NO_2^-	PO_4^{3-}	Br^-	NO_3^-	SO_4^{2-}
コントロール	<1	ND	ND	ND	ND	ND
ポリプロピレン※	2.1	17.2	ND	ND	8.2	3.1
フッ素樹脂※	3.5	23.3	ND	ND	19.1	17.2
ポリスチレン※	9.2	73.3	ND	ND	69.1	16.2

※各容器に6時間保存 （単位：ppt, ND：not detected）

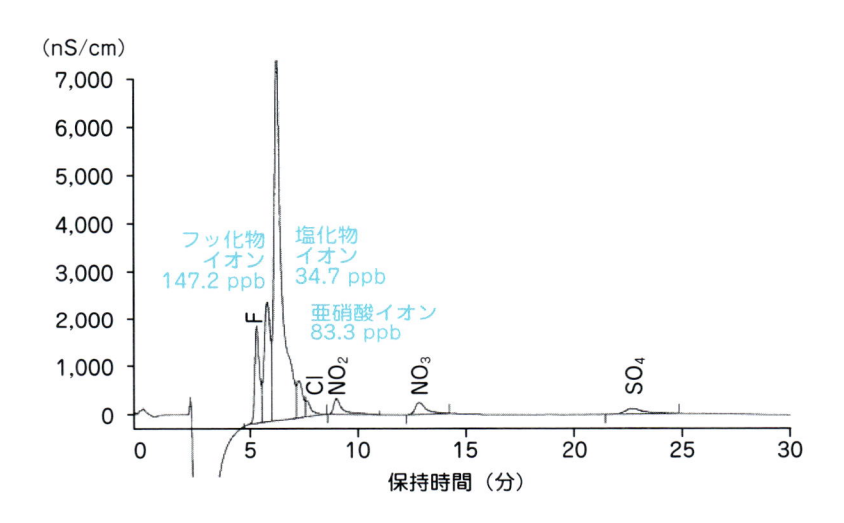

図48 ● ガラス製キャピラリーピペットからの溶出

樹脂系やポリエチレン製のものが使用されている．ただし，同じ材質の容器であっても，メーカーによって溶出度（清浄度）は異なることがあるので，実験で使用する前に一度確認試験を行う必要がある．

　また，実験の工程を見直すと，溶出の可能性が高い実験器具を使用している場合がある．試薬の分注に用いるピペットなどは使用頻度も高い器具であるが，イオンクロマトグラフィーにおいて，ガラス製パスツールピペットがバックグラウンドを生じさせている例があった．検証のため，キャピラリーに超純水を封入し，24時間保管後に測定した結果，フッ化物イオン，亜硝酸イオンおよび塩化物イオンの溶出が認められた（図48）．特に，ディスポーザブル製品は，購入後洗浄せずに使用することが多く，汚染箇所となる場合がある．分析において，バックグラウンドが生じた場合には，容器とともに，用いるすべての器具についても溶出の可能性がないか確認する必要がある．

Point
測定に影響する不純物の溶出が少ない容器を使用する必要がある．

ルール 4 ：容器を十分に洗浄し，適切に保管する

　用いる容器の洗浄が不十分であった場合，超純水を入れることで不純物が溶解し，実験結果に影響することもあり，十分な洗浄を行わなければならない．ただし，ここでいう**洗浄とは，単に使用時の汚れを取り除くだけではなく，実験で使用するまで測定に影響を与える不純物と接触させないことが重要になる**．

　一般に，洗浄した後，乾燥機などで乾燥した器具類は，器具棚や引き出しに保管されるが，実験室の空気中にはさまざまな物質が存在している．特に，微量金属分析に用いる容器は，空気中の金属の付着が測定に顕著に影響するため，洗浄後の管理を十分に行わなければならない．**汚染防止方法として，洗浄後の容器に超純水もしくは硝酸を添加した超純水を封入して保管する**などの対策が有効である．なお，硝酸は，高純度なものを使用するのが望ましい．バイオ実験に用いる容器から，RNaseやエンドトキシンなどを完全に除きたい場合，オートクレーブでは十分に失活できないことから，乾熱滅菌を行わなければならない．

Memo：

ルール5：容器を使い分ける

　実験には，使用目的に応じてさまざまな形状の容器が存在し，使い分けがされている．しかし，分析においてさらに重要なことは，使用する液体や試薬によって容器を使い分けることである．

　例えば，サンプル用容器，標準液用容器，ブランク水用容器など，それぞれ専用の容器を用意する．さらに，サンプル用容器と標準液用容器は，濃度別（ppmレベル用，ppbレベル用など）に容器を使い分けるとよい．

　高純度の試料を取り扱う際は専用の容器を決め，ほかの目的では使用しないことも有効な方法である．高濃度の溶媒の調製に使用した容器は，十分に洗浄を行ったつもりでも，次に微量分析用の試薬調製を行ったときに，残存した成分が検出されてしまうことがある．容器の使い分けを確実にするためには，**各容器にラベルを貼付するなどをして，使用目的を制限する**とよい．

Memo：

ルール6：初流を排水する

　開発初期の超純水装置は採水時にのみポンプが稼働し精製していたため，運転が停止しているときは，装置内で水が滞留することになり水質劣化が起きていた．これを防止するために，現在の超純水装置は装置が停止している間も，定期的に装置内の水を循環させることにより水質劣化を最小限に保つ，「水質保持機能」が備わっている．ところが，最終フィルター部分は循環できないため，超純水装置停止時に唯一の滞留部となってしまっている（図49）．超純水装置の採水口は常に外気と接触しているため，最終フィルター部分が水質劣化を起こす原因となっている．

　図50〜52は24時間採水を停止した超純水装置から採水した超純水の，採水量に伴う陰イオン濃度，TOCおよびエンドトキシン濃度の変化を示したものである．

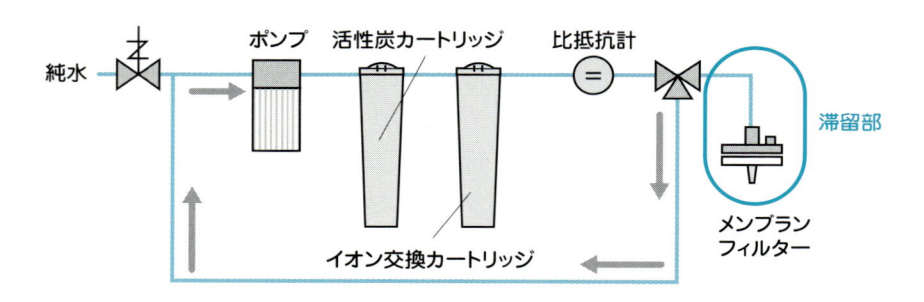

図49 ● 超純水装置の滞留部

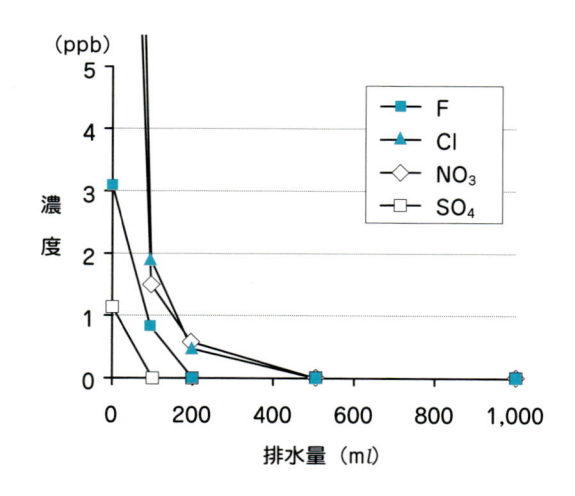

図50 ● 初流排水の効果（陰イオン）

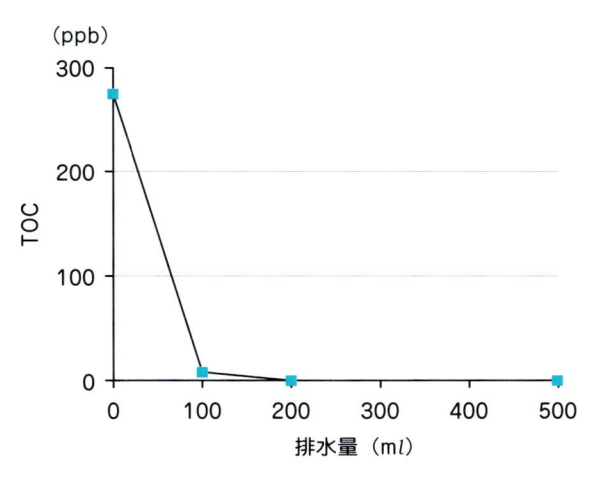

図51 ● 初流排水の効果（TOC）
（文献24より引用改変）

図52 ● 初流排水の効果（エンドトキシン）

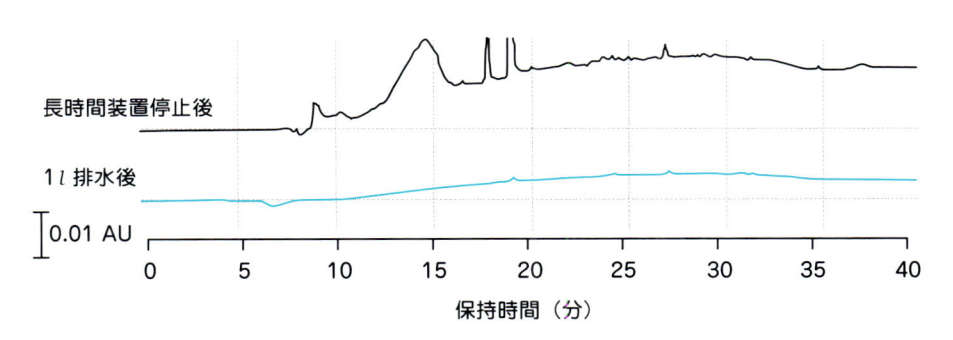

図53 ● 初流排水の効果（HPLC）

　この結果，どの値も，排水量が0の時点では非常に高い含有濃度を示しているのがわかる．このように，夜間など長時間採水を停止していた超純水装置から超純水を採水する場合は，初期に水質劣化がみられる．これは，最終フィルターでの水の滞留による水質劣化と採水口が外気と接触していたことによる汚染の2つの原因が考えられる．しかしながら，数百ml～1l程度排水することでそれぞれの濃度は十分に低減されていた．

　超純水使用時の影響を調べるため，24時間停止させていた超純水装置からの採水直後の超純水と1l排水した後の超純水をHPLCで分析したところ，採水直後の超純水では高いバックグラウンドといくつかのピークが確認されているのに対し，1l排水後では，安定したベースラインを示した（図53）．

　すなわち，超純水を採水する際には初流排水を行って，水質を安定させる必要がある．

ルール 7：採水口をきれいに保つ

　超純水装置の最終フィルター（採水口）にシリコンチューブなどを接続して使用している場合，超純水を汚染する可能性が高い．採水しやすいようにチューブが取り付けられるケースが多いが，実験室で手に入れやすいシリコンチューブなどは可塑剤が溶出しやすい．また，長期間採水口に繋がれたまま使用された場合，チューブ内でバクテリアの繁殖が起きたり，内部に残る水滴に環境中の不純物が付着することにより，通過する超純水を汚染してしまう．

　図54は，超純水装置から直接採水した場合と最終フィルターの後にシリコンチューブを接続して採水した場合で水質にどのような差が生じるのか，HPLCで分析した例を示した．チューブを用いて採水した場合は，明らかにHPLCでのバックグラウンドが大きく，超純水が汚染されていることがわかる．

　超純水装置から超純水を採水する際には，最終フィルターの後にチューブなどを接続せず，最終フィルターから直接採水することによって高い水質を保つことができる．

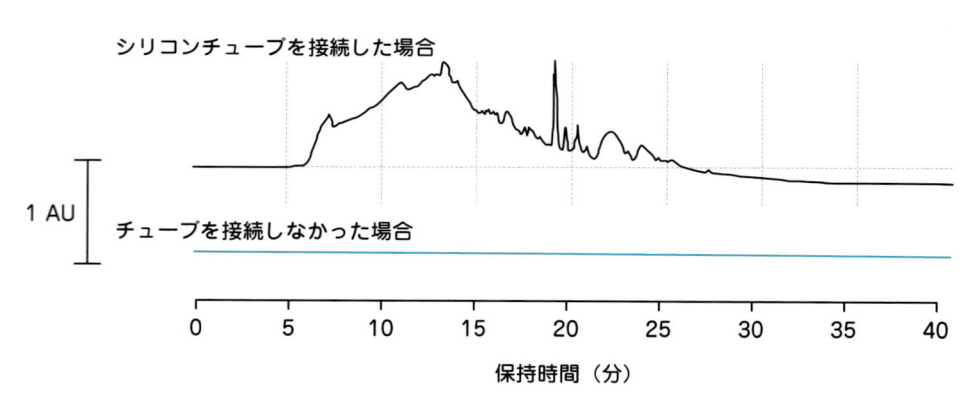

図54 ● 採水口にチューブをつけたことによる汚染（文献24より引用改変）

Point
採水口に超純水の汚染の原因になるものを取り付けず，クリーンに保つことが重要．

超純水 10 のルール

ルール 8：泡立てずに採水する

　超純水装置から採水する際，高い位置から落下させて泡立てて採水すると空気中の不純物を混入させやすくなる．イオンクロマトグラフィーを用いて，採水方法の違いによる，ブランク水のベースラインの比較を行った結果，泡立てて採水したときに空気中の不純物と思われるピークが発生した（図55）．すなわち，超純水装置から超純水を採水する場合には，なるべく泡立てず，空気を混入させないことが重要である．容器の壁を這わせるように採水すると，泡が立ちにくく，空気の混入を低減することができる（図55A）．

A) 泡立てずに採水した場合

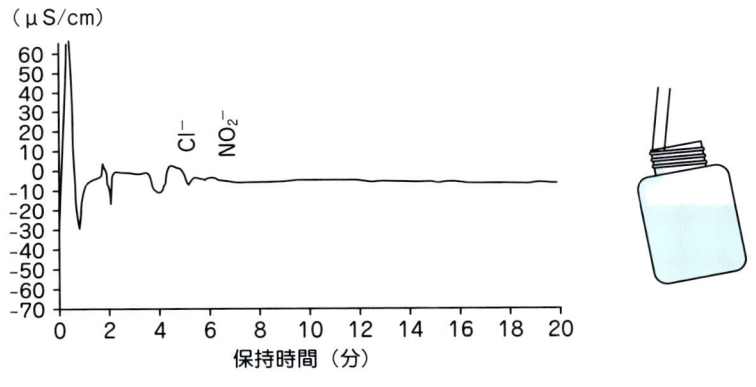

B) 上から落下させて泡立てながら採水した場合

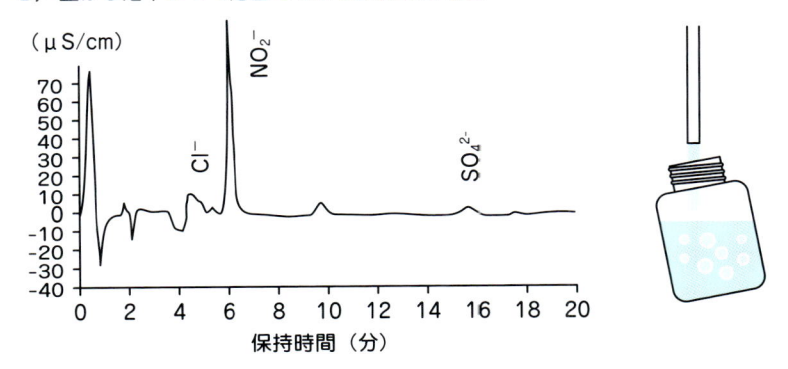

図55 ● 超純水の採水方法による汚染量の違い
（提供：横河アナリティカルシステムズ株式会社）

Point

泡立てると実験環境中の不純物を取り込むため，静かに採水する．

ルール9：洗ビンに入れた超純水は適宜入れ替える

　洗ビンは，メスアップするのに大変便利な構造につくられているが，洗ビン内の水は常に外気と接触した状況で保管されているため，汚染されやすい．

　また，構造上，使用するたびに外気を取り入れるため（図56），内部の水を汚染する可能性が高く，近くで扱っている試薬や実験室内の揮発性物質などを溶解させてしまう．あるいは，試薬調製の際，誤って調製中の溶液に先端を触れさせてしまうこともある．

　特に，純度が求められる試薬調製では，洗ビンの使用は可能な限り避け，使用せざるを得ない場合でも，中の超純水を使用時に入れ替え，洗ビンも定期的に洗浄するなどの管理が必要である．

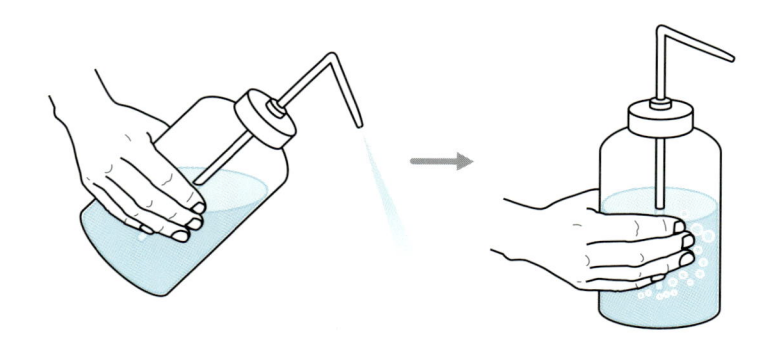

図56 ● 洗ビン内純水の外気からの汚染

Point

洗ビンに貯められた水は，汚染されている可能性が高い．使用する場合には，直前に入れ替えるようにする．

超純水10のルール

ルール10：採水するときには水質計を確認する

　超純水を採水する際に，水質計を確認することで，一定の水質の水を実験に用いることができる．

　超純水中のイオン量は，比抵抗計によって確認でき，18.2 MΩ·cmと示される状態で採水することによって，イオンの除かれた水を使用できる．ただし，極微量の分析では，比抵抗計が示す値の感度に注意する必要がある．比抵抗計の感度はサブppbレベルに留まる（表20）．イオンクロマトグラフィーやICP-MSなどの高感度の分析機器では，ppt（ppbの1/1000）レベルの超純水中のイオン量が測定に影響を与えることから，比抵抗値だけでは実験の再現性を確保することができない．したがって，比抵抗での水質管理と併せ，定期的な超純水装置のメンテナンスやカートリッジおよびフィルター類の交換を行うことも重要になる（第Ⅳ部参照）．

　また，1996年のUSP（米国薬局方*）第5追補では，温度補正した比抵抗値を用いず，比抵抗値・温度を別々に測定・使用するように定めており，純水・超純水装置も温度補正の値を表示できることが必要である．

　一方，水中の導電性以外の物質も，超純水装置のコンディションによって，採水開始後の水質が安定していない場合がある．図57は，長時間停止していた超純水装置から採水した超純水の比抵抗値とTOCを測定した結果である．比抵抗値は常に18.2 MΩ·cmを示しているが，運転開始直後のTOCが高くなっている．

表20 ● 比抵抗値と無機イオン存在量との関係

比抵抗値 （MΩ·cm at 25℃）	as NaCl （ppb）
18.248	0
18	0.36
15	5.56
10	21.17
1	442.49
0.1	4655.79
0.025	18700.10
0.0063	74282.89
0.0032	146269.29

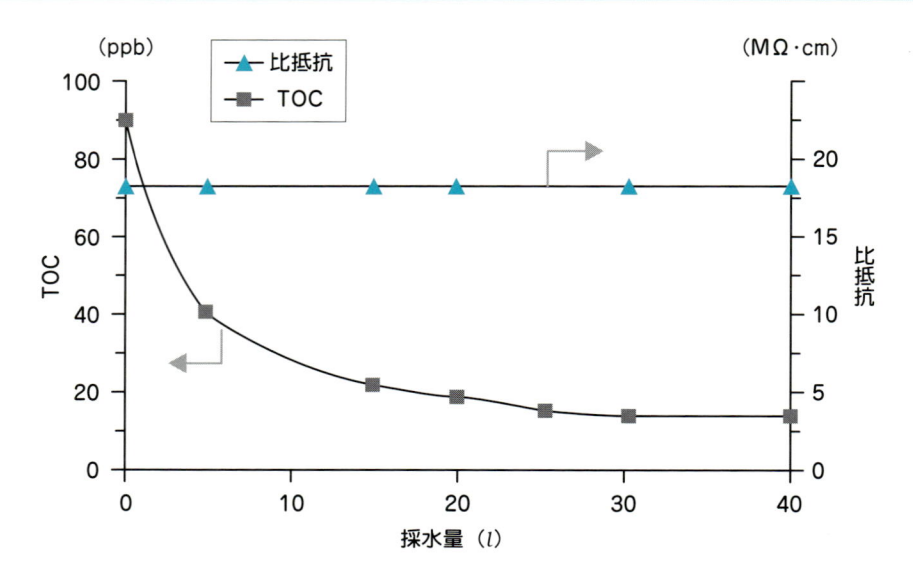

図57 ● 装置長時間停止後の超純水のTOC変化（文献24より引用改変）

　採水量に伴ってTOC値は低下するものの，採水直後の超純水水質は不安定なのがわかる．適切な精製方法を用いていても，超純水装置に滞留していた水は水質が劣化している可能性があり，このとき，TOC計を確認していなければ，実験に使用した超純水の水質が安定していなかったということも考えられる．このことから，実験に用いる超純水の水質は，比抵抗計だけでなく，TOC計によっても管理することが必須なのである．

　前述のように超純水のTOCとHPLC分析におけるバックグラウンドの量には相関があり，HPLC分析などにおいて超純水のTOCが及ぼす影響が明らかになっている（第Ⅱ部-2参照）．すなわち，TOC値を確認することで，HPLC分析におけるバックグラウンドを予測することができ，分析の再現性の確保につながる．

第IV部
超純水システムの管理のポイント

第Ⅳ部　超純水システムの管理のポイント
長期間安定した水質を得るための超純水システムの管理

- 超純水システムの管理では，水質劣化を防ぐ対策が大切．
- 精製工程の前段階であるほど処理する不純物が多く，適切な管理が必要．
- 水質センサーの活用や適切な手法に基づいた管理が大切．

＊のついた用語は巻末用語集に解説があります

① 純水装置はこまめなメンテナンスが大切

　超純水精製工程は，純水装置，貯水タンク，超純水装置の3段階に分けられる．この中で，前段にある純水装置は最も処理する不純物の量が多いため，こまめなメンテナンスが必要になる（図58）．メンテナンスを怠ると，後段の精製方法への負荷を増大させることになり，超純水システム全体の汚染につながる可能性がある．常に一定の水質を精製できるよう，メンテナンススケジュールを決めて，定期的なメンテナンスを実施することが大切である．

1）イオン交換樹脂のメンテナンス

　イオン交換器を用いている場合，イオン交換樹脂の官能基と原水中のイオンとの置換が進み，除去能力はしだいに低下するため，定期的な官能基の再生が必要になる（第Ⅰ部-3参照）．
　イオン交換樹脂の処理能力（総交換容量）は，湿潤樹脂 1 ml あたり交換基が何ミリ当量あるかを示すミリ当量［meq/ml］や，樹脂 1 l あたりが交換できる $CaCO_3$ 量に換算した［$gCaCO_3/l$］という単位で表される．総交換容量が 1 meq/ml のイオン交換樹脂の場合，50 g $CaCO_3/l$ に相当する．日本の水道水の硬度は30〜100 mg/l 程度（水道法水質基準では300 mg/l 以下）であることから，2 meq/ml のイオン交換樹脂 5 l を使用した場合，すべての交換基が置換されるまでに，原水の水質に応じ，理論上数千 l の処理が可能な計算になる．しかし，実際には，$CaCO_3$ などの炭酸塩以外の塩や遊離炭酸も含まれ，また，水中のフルボ酸などの有機物の樹脂表面への吸着によっても交換容量は低下するため，1,000 l 前後である．一般的に，イオン交換器には水質計（電気伝導率計）が付属して

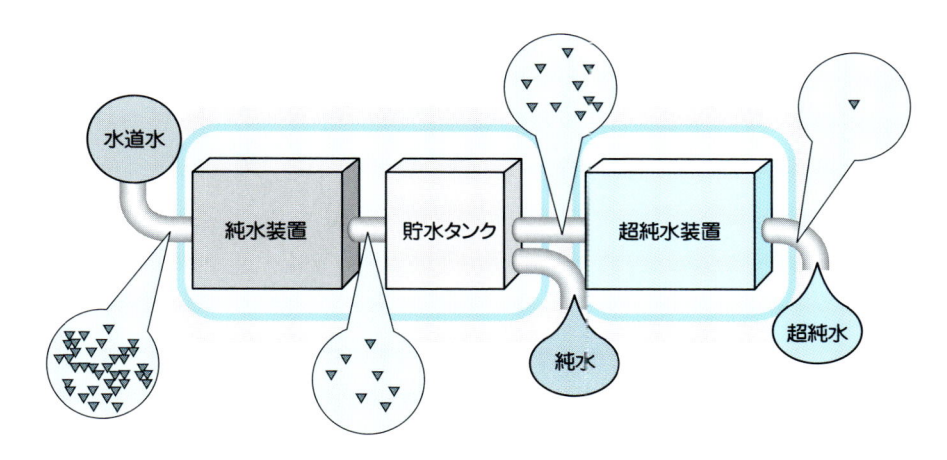

図58 超純水の精製工程と各工程で処理する不純物の負荷量

おり，電気伝導率が1μS/cm程度に低下した段階でイオン交換器を新しいものに交換するが，使用開始時と大きな水質の隔たりがあり，交換のサイクルに合わせ精製水質が変動している点に注意しなければならない．

2）蒸留器のメンテナンス

蒸留器では，ボイラー部や加熱ヒーター部分で原水中の硬度分（Mg, Caなど）によるスケーリング（缶石）を起こしやすく（図59），缶石除去のために，ボイラーや加熱ヒーターを定期的に酸洗浄する必要がある．缶石の付着がひどくなると，熱交換効率を低下させ，消費電力の増大や精製水量の低下につながる．また，熱膨張率の違いからヒーターを破損させてしまうことがあり，メンテナンスコストの増大につながる．これらを防止するため，蒸留の前処理にイオン交換器を用いるものもあるが，イオン交換器の管理が別途必要となる．

また，精製された水は蒸留器内のタンクに貯水されるが，長期使用に伴い，タンク内で微生物が繁殖し，バイオフィルムを形成してしまう場合がある．この場合も同様に，定期的な洗浄が必要である．

3）RO-EDI方式純水装置のメンテナンス

原水中の比較的大きな粒子を除く目的のデプスフィルターと塩素を除去する目的の活性炭を充填したカートリッジをプレフィルターとして採用しているものが多い．カートリッジ方式のプレフィルターは，除去性能が低下した段階でカートリッジを新しいものに交換するのみで作業完了でき，メンテナンス性に優れている．

逆浸透膜は，膜表面へのスケーリングや菌の付着が起こるため，定期的な洗浄が必要になる．洗浄剤などを投入することで，簡易に作業を完了できるよう，プログラミングされている純水装置もある．また，逆浸透膜は，長期使用に伴い劣化するため，2～3年程度での交換が必要になる．逆浸透膜の除去性能は，一次側と二次側の電気伝導率を比較することにより，次式から求めることができる．

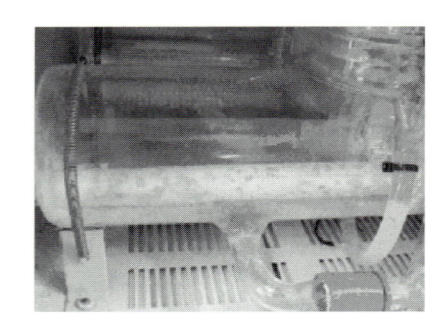

図59 ● 蒸留器ヒーター部の缶石の付着（白色）

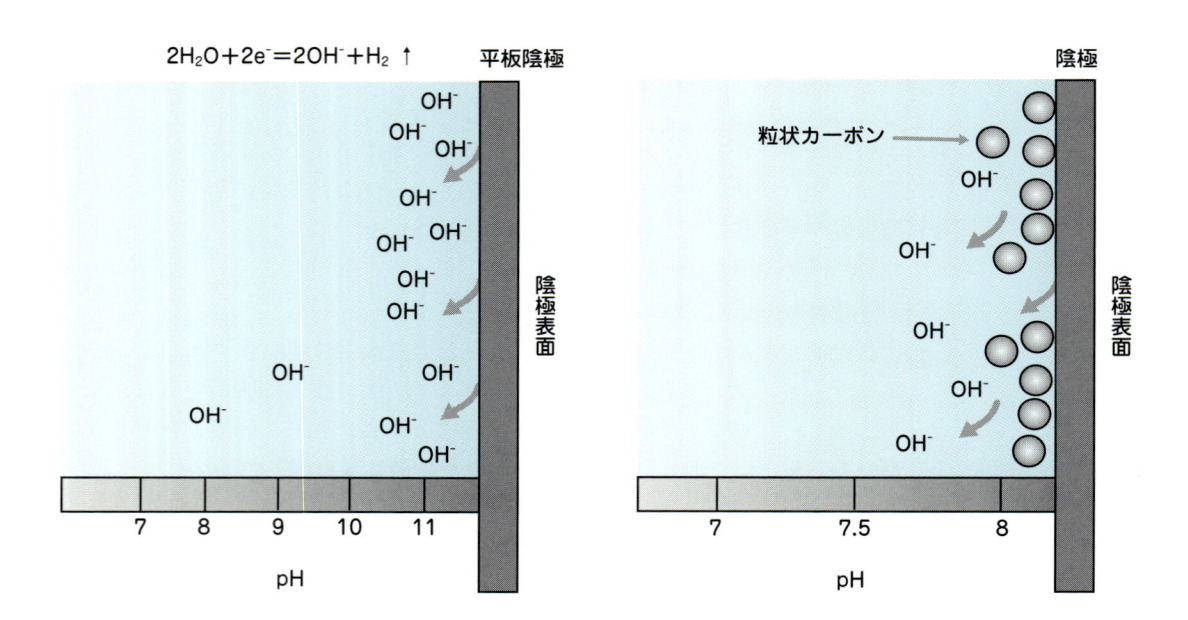

図60 ● 従来型EDI（左）と改良型EDI（右）の陰極近傍のpH分布

$$除去率（\%）= \{1-透過水（二次側）の導電率/原水（一次側）の導電率\} \times 100$$

通常98〜99％程度の除去率を示し，90〜92％程度まで除去率が低下した時点で交換する．

　EDIは，従来，電極部でのスケーリングが発生するため交換が必要であった．EDIの陰極部分では，水の電気分解により，水素ガスと水酸化物イオンが発生し，電極表層の水のpHは11を超えるアルカリ性になっている（図60）．この条件では，カルシウムイオンが炭酸カルシウムを生成しやすく，スケーリングを発生させていたためである．これに対し，陰極近傍の層に粒状活性炭を充填することで，水酸化物イオンの発生を抑え，炭酸カルシウムのスケーリングを防止する手法が開発された[46]．これにより，この手法を導入したEDIは交換不要となり，メンテナンスコストを大幅に低減することができる[47]．

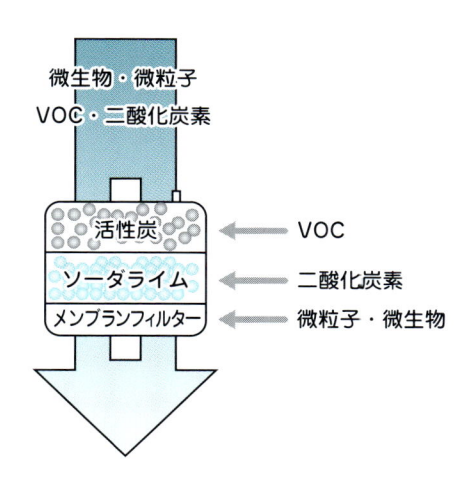

図61 ● エアベントフィルターの構造と除去できる不純物（文献24より引用改変）

2 純水タンクは水質管理の死角

　　　超純水製造システムでは，純水装置の精製速度が遅いため，純水装置と超純水装置の間には一時貯留するためのタンクが必要になる．ところが，純水をタンクに貯めることによって，タンク素材からの溶出や，空気からの無機物や有機物の汚染の原因，また純水中の微生物が増殖を引き起こすなどの原因ともなっている．純水の水質劣化は超純水の装置への負荷量の増加につながるため，超純水の水質を安定させるには，タンクにおける水質劣化を最小限に抑えなければならない．

1）エアベントフィルターによる環境からの汚染防止

　　実験室の空気には，純水の水質低下を引き起こす二酸化炭素や浮遊菌などが含まれている．また，有機溶剤を扱う研究室では揮発性有機物が含まれている場合がある．空気中の炭酸ガスが水に溶解すると，重炭酸イオンとなって，タンク内の純水の比抵抗を大幅に減少させる．その結果，超純水装置の陰イオン交換樹脂への負荷量を増加させ，カートリッジ寿命にも影響を及ぼす．また，微生物や有機物がタンク内の純水に混入すると，同様に微生物汚染・有機物汚染を引き起こす．そこで，純水タンクは密閉状態であることが望ましいが，水を出し入れするためには通気用の開放部分も必要であり，純水タンクの通気口には，空気中の不純物の侵入を防ぐエアベントフィルター*が不可欠である．

　　図61にエアベントフィルターの種類と不純物除去機能を示した．一般的なエアベントフィルターの多くは，微生物・微粒子を除去するためのフィルター（0.45μm），もしくは，二酸化炭素を除去するためのソーダライム*を追加したものから構成されている．ところが，この構造だけではタンク内への有機物の混入を防ぐことができないことから，活性炭を充填したものが用いられるようになっている．

　　活性炭を導入したエアベントフィルターの有機物除去効果を調べるため，高濃

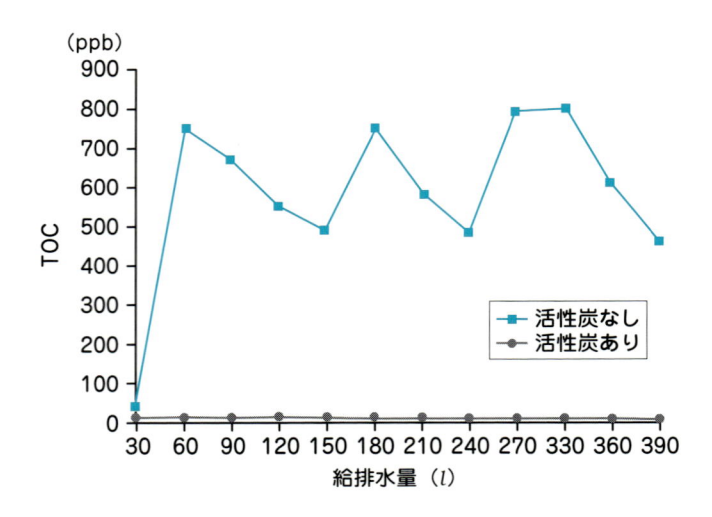

図62 エアベントフィルターによるタンク外揮発性有機物の進入防止効果（文献24より引用改変）

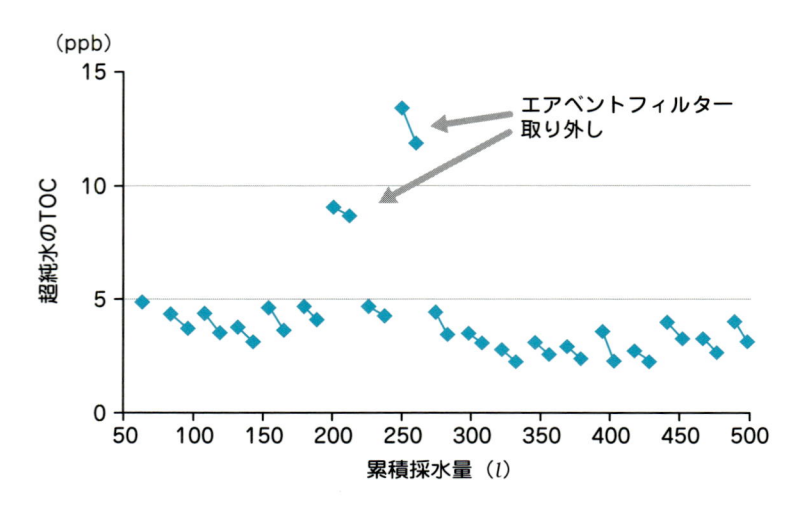

図63 精製される超純水にもたらすエアベントフィルターの効果（文献24より引用改変）

　度の有機溶剤（トルエン蒸気＝TOC[*]：7,050 ppm）をエアベントフィルターに供給して，タンク内純水のTOC値の変化を測定した（図62）．活性炭のないエアベントフィルターと比較した結果，活性炭を有するエアベントフィルターは優れた有機物の除去性能を発揮し，タンク内の純水の汚染を防ぐことができた．
　続いて，より実使用に近い条件で，エアベントフィルターの効果を検証した．超純水製造システムの純水タンクにエアベントフィルターを取り付け，このシステムから精製される超純水中のTOC値の推移を計測した（図63）．矢印で示した2つの期間に故意にエアベントフィルターを取り外したところ，超純水のTOCが高くなることが観察された．
　以上の結果から，タンクのエアベントフィルターは，環境からの水質汚染を防ぎ，超純水の水質を安定化させるために不可欠であることがわかった．

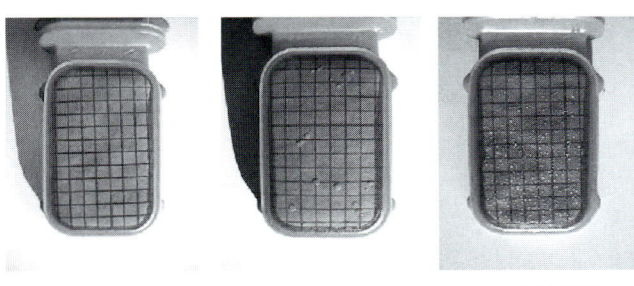

図64 ● 蒸留水タンク内微生物数の変化（文献10より転載）

測定開始時　　1カ月使用後　　3カ月使用後

表21 ● 純水中で増殖する細菌

分　類	
グラム陰性かん菌	Psudomonas Protomonas Flavobacterium Alcaligenes Achromobacter
グラム陽性かん菌	Corynebacterium Bacillus
グラム陽性球菌	Micrococcus Staphylococcus

表22 ● 微生物の各種除去方法

方　法		効　果
薬液洗浄	オゾン，次亜塩素酸，過酸化水素，ホルムアルデヒドなどにより洗浄	適切な濃度および処理時間により殺菌効果があるが，薬液の残存が問題となる．また，洗浄後に再び微生物が増殖する可能性がある
熱水殺菌	80〜90℃に加熱した超純水を循環	大掛かりな加熱設備を必要とし，また，洗浄後再び微生物が増殖する可能性がある
紫外線照射	254 nmの紫外線を照射	照射を行っている間，殺菌効果を持続できる

2）殺菌用UVランプによる微生物増殖防止

　純水精製方法によって異なるが，純水中にも微生物は残存しており，貯留しているタンク内で増殖することが危惧される（図64）．純水にはほとんど栄養成分（有機物など）が含まれないために，微生物の増殖は起こらないと捉えられることがあるが，貧栄養環境を好む微生物の存在が報告されている[43]（表21）．そこで，純水を精製している工程においても，微生物の殺菌を行う工程が必要になる．表22に，一般に用いられている微生物の除去方法をまとめた．

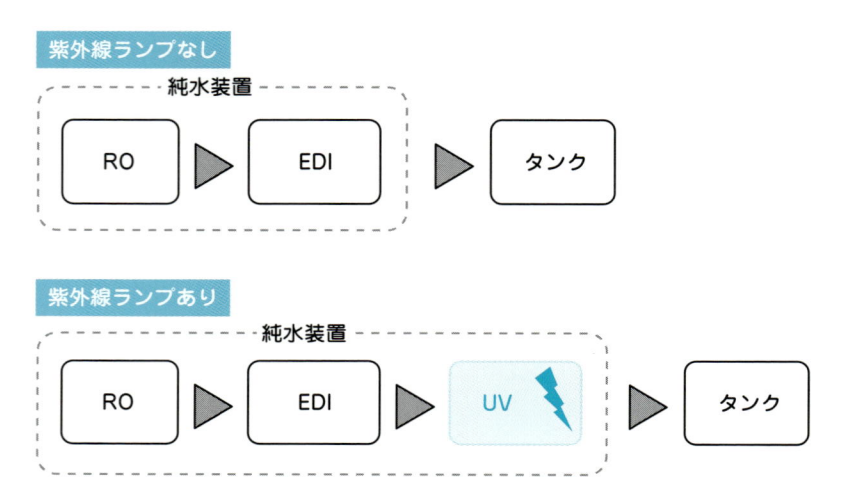

図65 純水精製における微生物殺菌方法（文献10より引用改変）

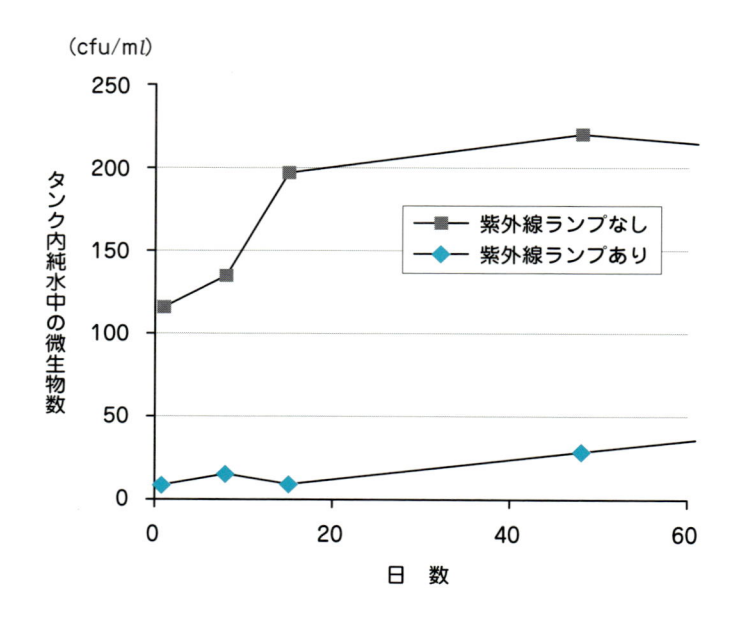

図66 純水精製ラインにおける紫外線の効果（文献10より引用改変）

　薬液洗浄および熱水による殺菌は，効果は一時的で，純水中の微生物に対する殺菌効果が常にあるわけではない．これに対し，紫外線照射による殺菌では，照射している間，微生物の殺菌作用を持続することができる．紫外線の殺菌力は，紫外線の照度（mW/cm^2）と照射時間（s）の積（$mW·s/cm^2$）で表され，超純水中の微生物は100 $mW·s/cm^2$の紫外線照射量で99.9％を殺菌することができる[44]．そこで，純水精製工程における紫外線照射の殺菌効果について調べた．はじめに，純水装置内の通水ライン中に紫外線ランプを導入し，連続的に照射する方法を検証した（図65）．

　純水精製工程に紫外線を有さない純水システムでは100 cfu/ml*を越える微生

図67 ● 純水精製における微生物殺菌方法

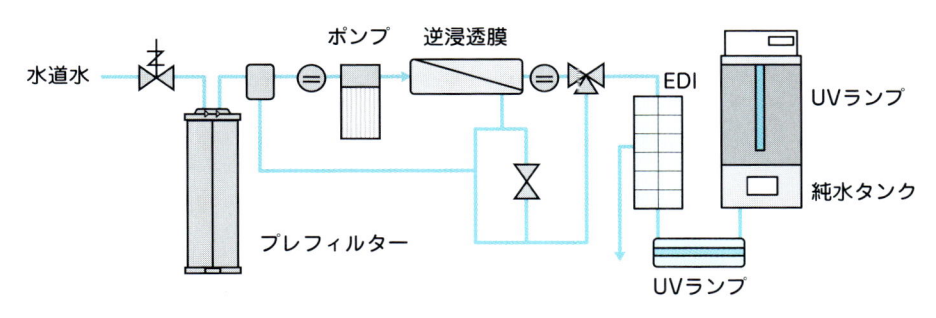

図68 ● 微生物汚染防止に配慮された純水精製フロー

物が観察されたが，紫外線を設置した純水システムではタンク水中の微生物を10 cfu/ml程度まで低減することができた（図66）．すなわち，純水精製ラインに紫外線を組み込むことにより，微生物数を効果的に低減できることがわかった．しかし，日数が経過すると，いずれも微生物数が増加する傾向がみられることがわかる．これは，タンク内での微生物の増殖を抑制する対策が講じられていないためで，徐々に汚染が進んでいると考えられる．すなわち，純水システムの微生物管理を行うためには，精製ラインの紫外線照射のみでは不十分で，貯水時の微生物増殖を抑制する必要がある．

そこで，上記のシステムに加え，純水のタンク内でも紫外線照射を行うことによって，微生物数の効果を試みた（図67，68）．このとき，タンク内の紫外線照射は1日あたり10分間とした．その結果，タンクに供給される純水中の微生物数は，紫外線照射により，ある程度低減され，その後，さらにタンク内で紫外線照射することにより微生物増殖を抑制できることがわかった（図69）．タンク内紫外線照射後，新たに純水が供給されることによって微生物数の増加がみられるが，微生物の極端な増殖は抑制されている．測定を開始してから70日後のタンク内微生物も少ない状態が保たれており，恒常的に微生物数を低減させるのに有効であることがわかった．

以上の結果から，純水精製工程とタンク内において紫外線照射を併用することによって，純水の微生物増殖も抑制できることがわかった．タンク内での微生物増殖は超純水装置内への微生物および代謝産物などによる有機物の流入につながる．すなわち，超純水を精製するうえでも，純水中の微生物数を低減させる精製ラインおよびタンクでの紫外線照射が必要である．

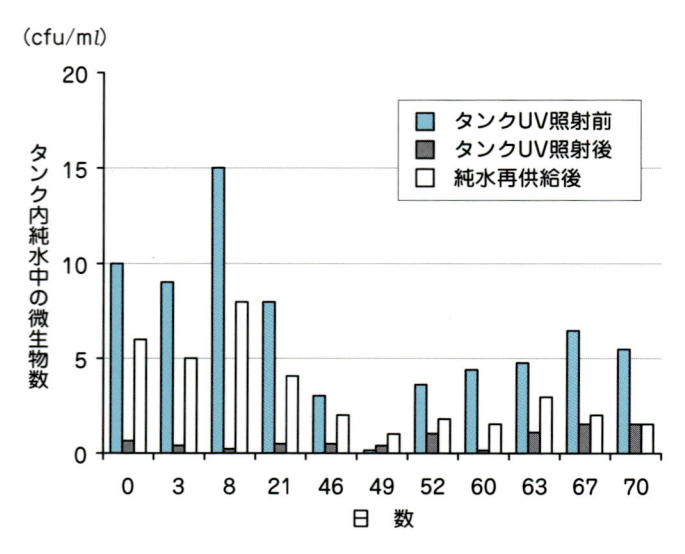

図69 ● 純水精製ラインと純水タンク内の紫外線照射の併用による微生物数の変化
（文献10より引用改変）

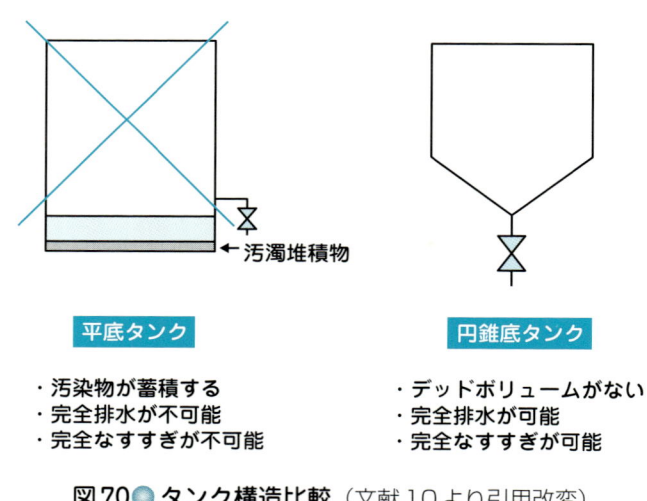

平底タンク
・汚染物が蓄積する
・完全排水が不可能
・完全なすすぎが不可能

円錐底タンク
・デッドボリュームがない
・完全排水が可能
・完全なすすぎが可能

図70 ● タンク構造比較（文献10より引用改変）

　また，微生物は滞留した箇所で増殖しやすく，純水タンクの構造も重要である．図70に示すように，タンクの底が平らな場合，タンク内の水を全量排水することができず残水が汚染の原因となる．この問題は，底面に傾斜を設け，全量を排水できる構造にすることにより解決することができる．また，タンクを直射日光が当たる窓際に設置した場合，水温が上昇し，微生物の増殖が起こりやすくなる．特に，半透明のタンクは光を透過するため，藻類が生えている場合もある．超純水システムの設置の際には，これらの点に十分注意しなければならない．

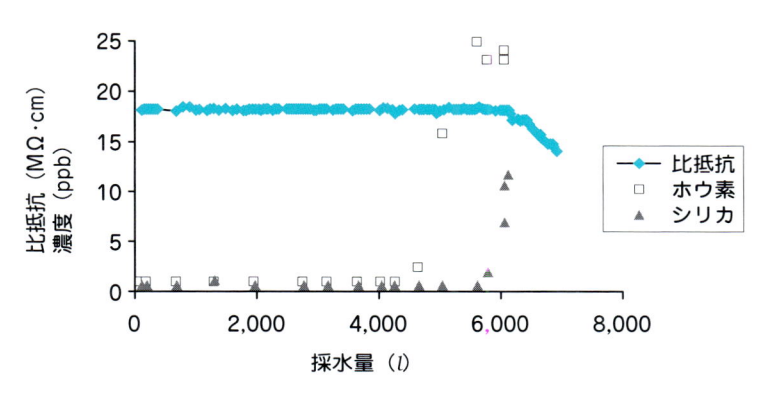

図71 比抵抗値とホウ素・シリカブレークの関係

③ 超純水装置は鮮度が命

　超純水装置のイオン交換カートリッジには吸着容量があり，樹脂容量によって決められる一定量を通水した後はカートリッジを交換する必要がある．特に，pH7前後の水中でイオン化しにくい，ホウ素，シリカ*などは，イオン交換樹脂の吸着能力が低下すると捕捉されにくく，また，比抵抗値に反映されにくいため検出できない（図71）．つまり，**比抵抗値が一定であっても，樹脂の除去性能は低下しており，微量元素の分析においては測定に影響を与える量のイオンが透過してしまっている可能性がある**．そこで，比抵抗値に変化がみられる前に，樹脂容量に応じて，定期的にカートリッジを交換しなければならない．同様に，活性炭カートリッジおよびエアベントフィルターも有機物の吸着量に限界があるため，通水量に応じて交換が必要である．また，カートリッジの寿命を伸ばすためにも，精製度の高い純水を供給することが重要である．

　一方，各種の膜フィルターも使用期間に応じて物理的な劣化や目詰まりなどが生じるため，定期的に交換する必要がある．

> **Point**
> カートリッジの寿命は，水質センサーでは捉えられない場合があり，性能低下時に交換が必要．

④ 超純水システムを長期間停止させるときの対処法

　実験施設の改修工事や長期休暇など，純水・超純水装置を長期間使用しないときには，その後の実験で通常通り使用するための適切な対応が必要になる．
　電源や水道を止める必要がなく，1週間から10日程度で復旧が見込める場合に

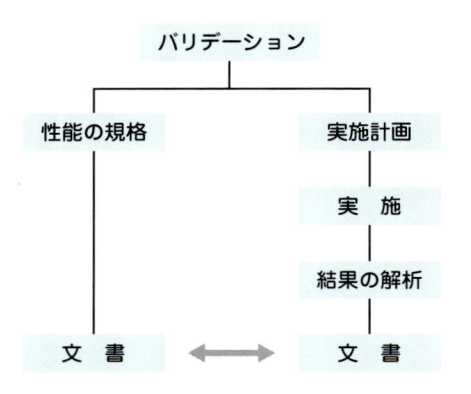

```
          バリデーション
         ┌──────┴──────┐
      性能の規格        実施計画
                         │
                        実　施
                         │
                       結果の解析
                         │
         文　書  ←──→   文　書
```

図72 バリデーションの基本体系

は，装置を連続的に稼動させておく方が，滞留による内部の汚染を防ぐことができる．一方，水道配管の工事などを伴い，装置を完全に停止しなければならない場合には，元栓を締め，純水装置の電源を切って，供給水との接続を遮断することが望ましい．また，**タンク内に残っている純水は，長期間放置したままにした場合，水質の劣化が起こるので全量排水するのが望ましい**．再度装置を立ち上げる場合，特に，水道配管にかかわる修復などに伴って装置を停止した場合には，供給水中に多くの不純物が混入していることが多いため，最寄りの蛇口から水質が安定するまで十分に排水してから，純水装置の接続している元栓を開け，装置を立ち上げる必要がある．この操作によって，装置内に大量の不純物が流れ込むのを防ぐことができる．

5　バリデーションとキャリブレーション

純水，超純水の水質を維持するために，特に高度な危機管理が求められるような場合（食品，薬品，化粧品などの製品や臨床に応用される実験に純水・超純水が使用される場合）などは，法律に沿った管理手法が必要になる．例えば，医薬品製造では，GMP（Good Manufacturing Practice）が適用されている．GMPは，安心して使うことができる品質のよい医薬品，医療用具などを供給するために，製造時の管理，遵守事項を定めたもので，この中で「バリデーション」は，「製造所の構造設備並びに手順，工程その他の製造管理および品質管理の方法が期待される結果を与えることを検証し，これを文書化すること」と定義されている（図72）．また，医薬品などの安全性試験においては，GLP（Good Laboratory Practice）により，実験室における分析業務の管理方法，遵守事項が定められている．

これらの法規制においてバリデーションの果たす最も重要な機能は，必要条件を満たす基準値をあらかじめ定め＝「基準の明確化」，実際の装置の稼動状況を常に管理して両者を突き合わせる＝「結果を基準と対比させる」ことで，基準値が満たされていることを確認する手法である[45]．超純水装置も，精製される超純

水に含まれる不純物量が，製造や実験に重大な影響を与えると判断される場合には，稼働している装置が必要とされる水質が精製されていることを，常に厳重に管理していなければならない．これを実現するために，**使用用途に応じた遵守すべき水質基準を定め，バリデーションを実施することが求められる**．

バリデーションを行うプロセスとその項目が決まった場合，次に，**評価に使用する計測機器が，標準器または標準試料と比較し，その誤差が基準値内にあることが確認されている必要がある**．この作業を「キャリブレーション（校正）」という．また，このとき使用される標準器も正確な値を示していなければならないため，さらに精度の高い測定機器によって管理されている必要がある．このように「計測器がより高位の測定基準によって次々と校正され，国家基準・国際標準につながる経路が確立されていること」を「トレーサビリティー」といい，キャリブレーションに用いられる計測機器はトレーサビリティーが確立されている必要がある．

品質管理における国際的な規格として，ISO9001および9004に，計測器管理方法が規定されている．GMPをはじめとする各種の法律は必ずしもISOの規定に拘束されるものではないが，何らかの方法により信頼性が確認されていなければならない．特に，受託試験機関，各種分析センターなどでは，分析，試験結果が国際的に信用できることを示すために，校正機関，試験機関を認定する国際規格ISO/IEC17025を取得することが求められている．こうした機関では，計測機器のトレーサビリティーだけでなく，試験者のもつ技術力や試験所の管理体制が評価されるなど，さらに厳しい管理が課せられているほか，キャリブレーションを行う際に「不確かさ*」の概念が導入されている．

超純水装置メーカーでは，これらの手法に基づいて超純水装置のバリデーションを実施するための技術的なサポートを実施している．

超純水装置バリデーションの流れ

Ⅰ．設計の的確性確認（design qualification：DQ）

比抵抗値，TOC値，使用用途に応じた水質および必要な流量などを決定し，利用する供給水から，必要とされる水質を得るために適切な超純水製造システムを選定する．この条件を使用者の要求仕様である装置の機能および性能として文書化する．

Ⅱ．据付時適格性確認（installation qualification：IQ）

納品された装置の機能および性能を記録する．合わせて，装置の識別を可能にするために装置固有の型番および使用するカートリッジ類のすべての型番などを記録する．最後に，要求仕様通りの装置が，装置の作動に適切な環境下に正しく取り付けられていることを確認し，設置場所などの情報を記録する．

Ⅲ. 稼動時適格性確認（operation qualification：OQ）

　機器の性能および機能がDQで定めた仕様を満たしていることを確認する．具体的には，電気回路が正常に機能すること，温度，比抵抗などがスペックをはずれたときに警報装置が作動すること，カートリッジ寿命が終了したときに警報装置が作動することなどを確認し記録する．また，温度および比抵抗については，表示値が正確であることを確認するため，外部校正に対して一定の範囲内であることを確認するキャリブレーションを実施し記録する．これら一連のOQを定期的に実施することで，DQで定める装置性能と使用している装置性能の相違がないことを確認する．

Ⅳ. 稼動性能的確性確認（performance qualification：PQ）

　装置の保守，日常的な装置性能の試験を行う．比抵抗，TOC値，流量などDQで定められている項目の記録を行う．また，菌数，エンドトキシンおよびその他の水質管理項目については，必要に応じて，定められた試験を行い記録する．

参考文献

†は次ページ「超純水技術資料」をご覧ください.

1) 『知っておきたい新しい水の基礎知識』(久保田 昌治／著), pp10-17, オーム社, 1993
2) 脇坂昭弘：NIRE NEWS, 10：5-11, 資源環境技術総合研究所, 2000
3) 『イオンの水和』(大瀧仁志／著), pp61-64, 共立出版, 1990
4) 水道法に基づく水質基準に関する省令（平成15年5月30日厚労省令第101号）
5) 水道法施行規則第17条第二項（昭和32年厚生省令第45号）
6) 『JISハンドブック　環境測定』(日本規格協会／編), pp1031-1034, 日本規格協会, 1999
7) Truman S. Light：Analytical Chemistry, 56：1138, 1984
8) 『超純水の科学』(半導体基盤技術研究会／編), p477, リアライズ社, 1990
9) 『堀場pH計Q&A集』, 堀場製作所, 1999
10) 『組織細胞化学2004』(日本組織細胞化学会／編), pp311-321, 学際企画, 2004
11) 『クロマトグラフィーによるイオン性化学種の分離分析』(岡田哲男 ほか／編), p25, 株式会社エヌ・ティー・エス, 2002
12) Gary C. Ganzi & Paul L. Parise：PHARM. TECH. JAPAN, 7：61-70, 1991
13) 『新版活性炭』(真田雄三 ほか／編), 講談社, 1992
14) 『活性炭読本第2版』(柳井 弘 ほか), p246, 日刊工業新聞社, 1996
15) 竹内 雍 ほか：『最新吸着技術便覧』, pp461-462, NTS INC.
16) 『膜による分離法』(萩原文二 ほか／著), 講談社, 1974
17) The R&D Notebook, Vol. 13 †
18) 『第十四改正　日本薬局方』, p206, 2001
19) 『紫外線Q&A』, ニッポ電気㈱, 1995
20) 柴崎 勲：微生物制御とその基礎, 防菌防黴, 14：40, 1986
21) 『改訂5版科学便覧基礎編Ⅱ』(日本化学会／編), p315, 2004
22) 『分析機器の手引き』(分析機器解説書作成小委員会／編), p85, 日本分析機器工業会, 2002
23) The R&D Notebook, Vol. 5 †
24) 石井直恵, 黒木祥文：工業用水, 505：33-42, 2000
25) The R&D Notebook, Vol. 6 †
26) 『組織細胞化学2003』(日本組織細胞化学会／編), pp161-169, 学際企画, 2003
27) Water Purification Technology, Vol. 1 †
28) Costerton, J. W. et al.：Battling Biofilms, Scientfic American, 2001
29) 『液クロ龍の巻』(中村 洋／監修), pp70-71, 筑波出版会, 2002
30) Application Notebook, Vol.14 †
31) Application Notebook, Vol.19 †
32) The R&D Notebook, Vol. 7 †
33) Application Notebook, Vol. 7 †
34) Application Notebook, Vol. 5 †
35) 石井直恵 ほか：組織培養工学, 27（10）：p31, 2001
36) 『液クロ虎の巻』(中村 洋／監修), pp70-71, 筑波出版会, 2001

37) Garcia, A. et al.：Proc. Natl. Acad. Sci. USA, 90：5989-5993, 1993
38) Application Notebook, Vol.24†
39) 川田　哲：ぶんせき，5：366-367, 1995
40) テクニカルシートvol.7，日本ミリポア株式会社，1995
41) 酒井徹志 ほか：工業用水，458：43-49, 1996
42) 日野隆信：平成6年度水質試験方法講習会要旨：45-63, 1994
43) 『イオン交換』（妹尾　学 ほか／編），p236，講談社，1991
44) 『超純水の科学』（半導体基盤技術研究会／編），p142，リアライズ社，1990
45) 川村邦夫：医薬品開発・製造におけるバリデーションの実際，じほう，1997
46) US Patent 5593563, 1996
47) The R&D Notebook Vol.16†

超純水技術資料

日本ミリポア㈱ラボラトリーウォーター事業部発行の技術資料です．各資料は，日本ミリポア㈱ホームページ（http://www.millipore.com/LW）よりPDFファイルでご覧いただくことができます．

「Application Notebook」

Vol.1	Milli-Q Gradientのホルムアルデヒド分析への適用
Vol.2	Milli-Q GradientのCOD分析への適用
Vol.3	環境ホルモン分析用超純水システムEDS-10Lのビスフェノ－ルA分析への適用
Vol.4	環境ホルモン分析用超純水システムEDS-10Lのフタル酸エステル類分析用水への適用
Vol.5	Milli-Q Synthesisの神経幹細胞無血清培養への適用
Vol.6	環境ホルモン分析用超純水システムEDS-10Lのアルキルフェノール類分析用水への適用
Vol.7	EQE-10LシステムのICP-MSによる微量元素分析への適用
Vol.8	プロテインシーケンスのためのペプチド分離精製に要求される超純水の水質
Vol.9	環境ホルモン分析用超純水システムEDS-10Lのダイオキシン類およびコプラナーPCB分析用水への適用
Vol.10	Milli-Q SynthesisによるRNaseフリー超純水の精製～RNaseフリー超純水とDEPC処理水のRNA安定性比較～
Vol.11	環境ホルモン分析用超純水システムEDS-10Lの有機スズ分析への適用
Vol.12	Milli-Q Gradientのプロテオーム解析への適用：nano LC/MSによる評価
Vol.13	超純水システムEQS-10LのES細胞トランスフェクションへの適用
Vol.14	有機酸分析に適した超純水装置～Milli-Q Gradientのイオンクロマトグラフィーへの適用
Vol.15	分析用水の水質がLC，LC/MS分析に及ぼす影響とその検証
Vol.16	RNaseフリー超純水を用いた in situ ハイブリダイゼーション～DEPC処理不要の実験プロトコール～
Vol.17	電気泳動におよぼす水質の影響～高速SDS-PAGEによる評価～
Vol.18	ISO13683で求められる蒸気滅菌器用水の水質

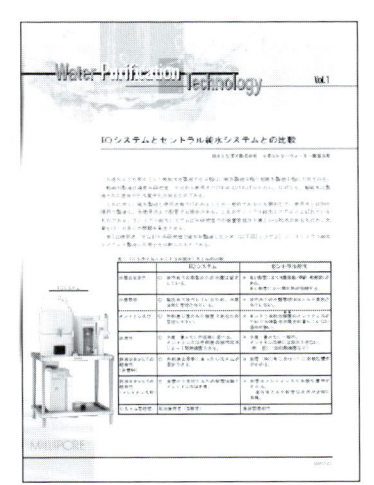

Application Notebook　　　　The R&D Noteboook　　　　Water Purification Technology

- Vol.19　ペットボトル入りミネラルウォーターのジクロロメタン汚染に関する検討
- Vol.20　細胞培養に影響を与える培地中エンドトキシン濃度
- Vol.21　無細胞タンパク質合成系における水質の影響
- Vol.22　アフリカツメガエル卵母細胞を用いたタンパク質機能解析におけるRNaseフリー水の適用
- Vol.23　Milli-Q Gradient の臭素酸分析への適用～ イオンクロマトグラフ－ポストカラム吸光光度法による評価～
- Vol.24　実験用水の水質が in situ ハイブリダイゼーションに及ぼす影響
- Vol.25　超純水の染色体検査への適用～ 標本乾燥を必要としない超純水を利用したGバンド（Wet-Gバンド法）～
- Vol.26　ElixのBOD分析用水への適用
- Vol.27　電気化学反応における試験用水水質の影響

「The R&D Notebook」

- Vol.1　イオンクロマトグラフィーによる陰イオン分析
- Vol.2　Milli-Q Gradient のTOC分析装置による評価
- Vol.3　Milli-Q Synthesisによるエンドトキシンフリー水の調製
- Vol.4　超純水システムにおける純水貯留用タンクの最適化
- Vol.5　超純水装置へ供給する一次純水の重要性
- Vol.6　超純水装置へ供給する一次純水の重要性―蒸留水とElix水との比較
- Vol.7　EQE-10Lシステムによるホウ素の連続除去と超純水装置における新たな水質モニタリング法
- Vol.8　超純水装置の最終限外ろ過フィルターGengardによるRNaseフリー水の調製
- Vol.9　EDS-10Lシステムの環境分析への適用
- Vol.10　超純水装置の採水方法が水質に与える影響
- Vol.11　純水システムの微生物管理における紫外線の最適な使用方法
- Vol.12　Gengardを用いて精製したRNaseフリー超純水の有用性
- Vol.13　超純水装置内蔵限外ろ過膜の洗浄方法

- Vol.14　超純水装置の最終限外ろ過フィルターGengardによるエンドトキシンフリー水の精製
- Vol.15　超純水装置内蔵型TOCモニターの測定方式と信頼性の相違
- Vol.16　第2世代連続イオン交換EDI
- Vol.17　Milli-Q Gradient の陰イオンクロマトグラフィー分析への適用
- Vol.18　限外ろ過膜BioPakによるバイオ実験用水の精製

「Water Purification Technology」

- Vol.1　EQシステムとセントラル純水システムとの比較
- Vol.2　純水の精製方法とその特徴〜Elixと蒸留水の比較〜

付 録

- 超純水で困ったときのための Q&A ………………… 94
- 用語集 …………………………………………………… 98
- 元素周期表 ……………………………………………… 105

超純水で困ったときのための Q&A

超純水の性質

Q1：
超純水のpHを測定したら，酸性でした．何か酸性の物質が残存しているのでしょうか？

A1：理論上はpH＝7で間違いありません．しかし，pHメーターの測定原理ではイオン濃度の勾配が必要なので，ある程度サンプル水（この場合は超純水）の純度が低くないと測定できません．一度，pHメーターの仕様を確認して，どの程度のサンプル（例えば，10 μS/cmまでの）まで測定可能か確認してください．

⇒第Ⅰ部-2参照

Q2：
現在使っている超純水装置の水質計は18.2 MΩ·cmを示しています．水質が悪くなると，この値は大きくなるのですか？ 小さくなるのですか？

A2：比抵抗値は電気の通りにくさを表す単位です．水質が悪くなると電気は通りやすくなるので比抵抗値は小さくなります．一方，電気伝導率で表す場合，電気の通りやすさを表す単位なので，水質が悪くなると電気伝導率は大きくなります．

⇒第Ⅰ部-2-2参照

Q3：
超純水にはどれくらいの溶存酸素が含まれているのですか？

A3：純水中の飽和溶存酸素量は，水温25℃で約8 ppmです．超純水にまで精製されても，この値は大きく変動することはありません．測定条件によっては過飽和により測定値が若干異なることがあるので注意が必要です．

⇒第Ⅰ部-3-1参照

超純水の精製

Q4：
超純水装置のカートリッジが，推奨されている交換期間に達する前に劣化してしまいます．

A4：超純水装置への供給水は十分な純度に精製されていますか？ イオン交換器を使用し，再生を行っていなかったことが原因であったケースがありました．イオン交換器で精製される水質の比抵抗値は変動しやすく，イオン以外の不純物（有機物や微生物）を除去できないので，超純水装置の前処理として適していません．また，セントラル純水を供給していたことにより，セントラル純水配管中の汚染が超純水装置に流入し，除去性能を低下させていたケースがありました．

⇒第Ⅰ部-3参照

Q5：
採水した超純水に繊維状の物質がみられるのですが，超純水装置で精製できていないのでしょうか？

A5：採水した容器を乾燥した際に汚染された可能性はありませんか？ 乾燥機内に敷かれていた不織布が原因であったケースがありました．
⇒第Ⅲ部ルール4参照

Q6：
超純水システムにUVランプが使われていると聞きました．これは，殺菌用ですか？

A6：超純水システムでは2種類の波長のUVランプが使われています．1つは，短波長185 nmのもので，有機物の酸化分解の目的で使用されます．もう1つは，254 nmで殺菌の目的で使用されます．純水装置や貯水タンクでは，殺菌用UVランプが用いられ，超純水装置では有機物酸化分解用UVランプが用いられています．また，紫外線酸化－導電率方式のTOC計の中にも，185 nmUVランプが用いられています．
⇒第Ⅰ部-2-2，第Ⅱ部-1-2，第Ⅳ部-2参照

分 析

Q7：
フタル酸エステル類の分析をしているのですが，フタル酸ジブチルがバックグラウンドとして検出されてしまいます．

A7：環境から汚染されている可能性はありませんか？ 新築された実験室に移転したことが原因であったケースがありました．床材の接着剤にフタル酸ジブチルが使われていることがあります．
⇒第Ⅲ部参照

Q8：
COD分析に超純水を使用していますが，JIS規格に定められるCOD分析の空試験の条件を満たせません．

A8：採水後に環境から汚染されている可能性はありませんか？ 有機溶媒を比較的多く使用している実験室で分析を行ったため，空試験の規格を満たせず，換気することにより改善されたケースがありました．
⇒第Ⅲ部参照

Q9：
HPLC分析でバックグラウンドが高いのですが，移動相の作成に用いた超純水の水質が悪かったのでしょうか？

A9：超純水を採水する際に，初流排水を行っていますか？ 超純水装置内に滞留した水は，水質が劣化している可能性があります．また，試薬の洗ビンに保管された水でメスアップしていませんか？ 洗ビンに保管された水は，環境から汚染されている可能性があります．また，オートサンプラーを用いている場合，サンプルの吸着や洗浄不足により，前のサンプルを持ち越す（キャリーオーバー）ことがあり，バックグラウンドの原因となることがあります．
⇒第Ⅲ部参照

Q10：
ICP-MS分析をしています．臭素の値が高い（3 ppb）のですがなぜでしょう？

A10：^{79}BrはICP-MSで測定すると，Ar-Ar-Hと質量数が同じになり，見かけ上高い値が検出されることがあります．また臭素はメモリー効果があるので，一度ICP-MS装置内を汚染すると低減するのに十分な時間が必要になる場合があります． ⇒第Ⅱ部-2参照

Q11：
イオンクロマトグラフィー分析をしていますが，特定のイオンのピークが検出されてしまいます．

A11：容器や器具からの溶出の可能性はありませんか？ サンプリングに用いていたパスツールピペットやバイアルからの溶出が原因であったケースがありました． ⇒第Ⅲ部参照

Q12：
RO-EDI方式純水を使用しているのですが，シリカの量を十分に低減させることができません．

A12：原水中に含まれるシリカが著しく高いことが考えられます．原水のシリカ濃度は地域によって異なり，装置の仕様通りの水質が得られないことがあります． ⇒第Ⅳ部-3参照

Q13：
ICP-MS分析を行っていますが，超純水中にppbレベルの元素が検出されてしまいます．

A13：半定量法による測定を行っていませんか？ 半定量法は，測定試料にどんな物質が含まれるか装置内部のデータをもとに推測するため定性分析には適していますが，定量分析には適していません．微量定量分析には，内標準法や標準添加法（絶対検量線法）が適しています．定量値に関するトラブルが生じたときには，一度その測定方法や測定モードが目的に適しているか確認しましょう．また，採水時に確認した超純水の比抵抗値が18.2 MΩ·cmを示していれば，理論上元素濃度はpptオーダーまで除去されているため，採水後の環境からの汚染が原因であると考えられます． ⇒第Ⅱ部-2参照

Q14：
試験に用いる水に蒸留法が明記されています．蒸留器を使わなくてはならないのでしょうか？

A14：例えば，JIS K0557「用水・排水の試験に用いる水」では，A 3，A 4の水の説明に蒸留法が記載されていますが，同等の質が得られる方法で精製したものと併記されており，蒸留法でなければならないということはありません．また，各試験項目では，別途試験に用いる水について説明をしている場合があります．BOD分析では，JIS K0102.21 注3で，「DO 1に対してDO 5の減少が0.2 mg以下のものを，希釈水として使用する．」とされており，この条件を満たせば用いることができます．重要なのは，精製方法ではなく，測定条件を満たす水質です． ⇒第Ⅰ部-2参照

バイオ実験

Q15：
精製工程に限外ろ過膜を導入した超純水装置を使用していますが，超純水からエンドトキシンが検出されてしまいます．

A15：限外ろ過膜を定期的に洗浄していますか？ 洗浄してもエンドトキシン濃度が低減されない場合は，最終フィルターの二次側で汚染されている可能性があります．また，最終フィルターも定期的に交換するとともに，採水時には初流を排水しましょう． ⇒第Ⅲ部参照

Q16：
超純水を用いて培地調整を行ったのですが，細胞培養がうまくいきませんでした．

A16：培地作成時にオートクレーブしたことにより，培地が汚染されたことが原因だったケースがありました．オートクレーブに供給している水の汚染や揮発性のある溶媒の混入がないか確認しましょう． ⇒第Ⅲ部参照

機器管理

Q17：
わが社では今後GLPに対応した受託試験を立ち上げる予定です．純水・超純水装置については何か準備をしておくことはありますか？

A17：「新規化学物質に係る試験及び指定化学物質に係る有害性の調査の項目等を定める命令」（総理府，厚生省，通産省令第1号，昭和49年）の中で，GLP施設に関する基準が述べられています．この中で，設備および機器の操作，点検，清掃，保守および校正については，標準操作手順書を作成し，さらに，それらの実施記録を10年間保管することが記されています．純水・超純水装置を管理するためには，保守点検および校正を正しく行うための標準作業書とそれに基づいた実行が必要になります．また，水質計などに関してトレーサビリティーの取れた校正を実施することが重要になります． ⇒第Ⅳ部-4参照

Q18：
超純水装置のカートリッジはいつ交換すればよいのですか？ 水質センサーが18.2 MΩ·cmの表示であれば，まだ使えますか？

A18：水質が劣化しはじめてからカートリッジを交換するのでは，試験・分析結果への影響を避けられません．常に18.2 MΩ·cmの水質が精製できる状態で利用することが大切です．また，比抵抗値が18.2 MΩ·cmであっても，有機物の除去性能が低下し，TOC値は上昇していることがあります．TOC値の変化にも注目して，カートリッジを交換します． ⇒第Ⅳ部-3参照

用語集

和文

あ

圧損（pressure drop）
ポンプ選定時には送水する配管全体で発生する圧力損失を考慮するが，この圧力損失を配管圧損という．配管圧損は流速の2乗と管長に比例し管の直径に反比例する．直管の圧損はDarcyの式で求められるが簡易法としてグラフを利用する．

アルカリ度（alkalinity）
水中に含まれる炭酸水素塩，炭酸塩または水酸化物などのアルカリ分をこれに対応する炭酸カルシウム（$CaCO_3$）のmg/lで表したもの．
1 mg/l = 1 度

イオン交換水（deionized water）
脱イオン水．水中のイオンがイオン交換樹脂の官能基内のH^+とOH^-とに置換され，除去された水．

井水，地下水（well water/ground water）
井戸水，地下水．雨水，雪解け水が地層の隙間にしみ込み，長期間かけて移動し，低地の地表近くに再び湧き出てくる水．鉱物質と長期にわたり接触しているので，全溶解固形物やCO_2が比較的多い場合がある．また地層によっては，Ca，Mg，Siや濁度の高いケースもあり，純水装置の使用に際しては処理が必要なこともある．

一次純水（primary pure water）
水道水などを一次処理装置で処理した水．RO水，Elix水など．特に超純水製造システムにおいて超純水製造装置に供給される純水のことをいう．

エアベントフィルター（air vent filter）
タンクの空気出入り口に取り付けて空気中の粒子・バクテリアのタンクへの流入を防ぐ用途のフィルター．通常は孔径0.22μmの疎水性メンブランが用いられる．純水タンクにはソーダーライムなどと組み合わせて設置する．

オートクレーブ（autoclave）
高圧滅菌器．高温高圧（常圧 + 1 kg/cm^2・120℃）の蒸気を用いて約30分で，水溶液，器具類などを滅菌するのに用いる釜．

か

供給水（feed water）
原水機器（一般的には一次処理装置）に供給される水のこと．水道水／井戸水／工業用水／セントラルイオン交換水などがある．

クラスター（cluster）
複数のイオン，原子または分子がいろいろな原因で結合してつくる集合体（構造単位）をいう．イオンが中心となりその周りに複数の原子や分子が集合したクラスターをクラスターイオン，原子または分子がつくるクラスターをもつ化合物をクラスター化合物という．水分子も水素結合によって水分子どうしのクラスターを形成しており，それが分子量に比較して高沸点である原因といわれている．

結合残留塩素
（combined available chlorine）
結合残留塩素．次亜塩素酸が水中のアンモニア，アミノ酸，アシン類などと反応し，クロラミンの型になったもの．酸化力は遊離型と比較して弱い．

原子吸光
（atomic absorption spectrometry）
試料を炎（フレーム）中に噴霧するなどして加熱し，目的元素を基底状態の原子に解離させ，これによって同種元素から放射された共鳴線が吸収されることを利用した分析法．目的元素による吸光

度が，フレーム中の原子密度に比例することから定量できる．成分元素の原子化にはフレーム法のほかに炭素炉などを用いて加熱するフレームレス法がある．（フレーム法に比べ3桁高感度）．AA法はAg, Cu, Hg, Cd, Zn, アルカリ金属，アルカリ土類金属に対する感度が高い．

原水（feed water）
逆浸透装置，イオン交換装置など一次純水製造装置に供給される水．主に水道水または井戸水がある．1度処理された一次純水，セントラル純水などとは区別する．

硬水（hard water）
Caイオン，Mgイオンを比較的多量に含む水．水$1l$中に含まれるCaとMgの量を，$CaCO_3$の濃度に換算した値で，一般に120 mg/l以上の水を硬水という．これらのイオンは溶解度が低く，逆浸透装置において硬水を原水とする場合，RO膜面で析出沈着することがあるので軟化処理が必要となることがある．

校正（calibration）
測定器の指示は常に正しい値を示すとは限らず，またその値も時間的に変動することがある．そのような測定器を用いて正しい測定を行うには，測定に先立って測定器の指示と真の値との関係を定めておかなければならない．そのために実施する作業を校正という．標準器，標準試料などを用いて計器の表す値と，その真の値との関係を求めるとき，国家標準がない，などで差を求めるのが困難な場合は，機器の取り扱い説明書，文献などにより根拠が明らかになっている調整，点検などにより校正にかえる．

硬度（hardness）
水に溶解しているCa, Mgイオンの量．おのおのの炭酸塩としての合計量を総硬度としてppm表示する．

差圧（pressure difference）
配管内を流体が流れるとき，上流と下流の間に生じる圧力の差．あるいはフィルターで流体をろ過するときに生じる上流側と下流側の圧力の差．

サニタリー配管（sanitary piping）
微生物汚染対策を考慮して設備された配管．①熱水，蒸気滅菌が可能，②分解が可能，③排液時溜り部がない，などの条件を備えた配管．

酸度（acidity）
アルカリ消費量．1 mg/l = 1度．水中に含まれている炭酸，鉱酸，または有機酸などの酸分を中和するのに必要なアルカリ分をこれに対応する$CaCO_3$のmg/lで表したもの．

残留塩素（res dual chlorine）
塩素処理の結果，水中に残留した有効塩素のこと．単体塩素，次亜塩素酸などの遊離残留塩素とクロラシンのような結合残留塩素に区別される．いずれも酸化力を有し，塩素イオンとは化学的に性質が異なる．

純水（pure water, purified water）
RO，蒸留，イオン交換などの方法を用いてイオンを除去し，比抵抗値1〜10 MΩ・cm程度の水を一般的に純水とよぶ．

蒸留水（distilled water）
水道水やイオン交換水を沸騰気化させ，蒸気を冷却して得た水．市販される蒸留器はイオン交換樹脂を組み込んでいるものが多く，1 MΩ・cm程度の純水が得られる．

シリカ（silica）
ケイ酸．SiO_2．自然水中におけるシリカの形態は複雑であり，イオン状，分子状，コロイド状ケイ酸またはケイ酸塩など種々ある．イオン状シリカの溶解度は25℃，pH7において約100 ppm，0℃でも30 ppm程度である．水中の多量のCaの存在下でケイ酸塩またはシリカ単独で析出することがあり，シリカを高濃度に含む原水ではRO膜を閉塞させることもあるのでRO排水比を大きくとるケースもある．除去方法はPAC注入による沈殿法，RO膜による除去，強塩基性陰イオン交換樹脂による吸着除去がある．分析方法はモリブデン青法による吸光度分析がよく用いられる．

浸透（osmosis）
膜を通して溶媒が拡散によって移動する現象．

浸透圧（osmotic pressure）
半透膜（溶質を通さない膜）を介して一方に溶液をおくと溶媒の一部が膜を通して溶液中に浸透し，平衡に達する．このときの両側の圧力の差を溶液の浸透圧という．

水質（water quality）
水道水，井水や純水などの質．水の中に含まれるイオン，粒子，菌などの成分量の多少によって質が規定される．局方，JISなどにより規格されている．

水道水（tap water, city water）
上水道水．飲料用としての規格基準値内に処理，管理され，使用者に水道管によって配水された水．

正確さ（accuracy）
真の値からの偏りの程度．偏りが小さい方が，より正確さがよいという．

精製水（purified water）
① 純水と同意で，精製された水のこと．
② 日本薬局方により規定されている水，蒸留，イオン交換，超ろ過などで精製し，9項目の純度試験の基準に合格した純水．

精度（precision）
測定値のばらつきの程度．ばらつきが小さい方が，より精度が高い．

セル定数（cell constant）
電気伝導率は電極間の溶液抵抗の逆数に比例する．この比例定数をセル定数（cm^{-1}）といい，測定電極の幾何学的寸法によって決まる．セル定数は計算でも求まるが，特殊な形状を除いては正確さに欠けるので，実際には，電気伝導率の値がわかっている標準液を用いて測定される．電気伝導率計の校正は，使用する検出器のセル定数を測定し，その値を用いて計器感度を電気的に調整する方法で行われる．セル定数に影響を与えるものとして電極表面の汚れや変形などがあり，定期的な洗浄とセル確認が必要となる．

セントラル純水（central pure water）
研究施設などにおいて建物全体で使用する純水を1カ所で製造して各部屋に給水する設備．十分な管理が必要で，超純水装置の供給水として利用する場合はバクテリア，粒子，TOC，および水圧などの注意が必要．

ソーダライム（soda lime）
ソーダライム〔$NaOH+Ca(OH)_2$〕をシリカ（SiO_2）で成型して粒状にしたもので二酸化炭素を吸収する薬物．ソーダライムの主成分は水酸化ナトリウム，水酸化カリウム，水酸化カルシウムなどの塩基でその化学反応は$Ca(OH)_2+CO_2 \rightarrow CaCO_3+H_2O$，炭酸塩と水（と熱）を発生．似たような機能の薬物にバラライム〔$Ba(OH)_2$〕がある．

た

濁度（turbidity）
水の濁りの程度を示すもので，精製水$1l$中に標準カオリン1mgを含むときの濁りに相当するものを1度（または$1mg/l$）とする．起因濁質としては，粘土性物質，水酸化鉄・マンガン，微生物など．粒径は0.1～数百μmの範囲の物質を測定．試験方法は①カオリン標準液と試料水を肉眼で比濁する透視比濁法，②カオリンやホルマジンポリマーを標準液として散乱光測定用光電式濁度計で測定する散乱光測定法などがある．

チャレンジ試験（challenge test）
ろ過材のろ過性能を確認するために，適切な試料を用いて行う除去性能試験．

中空糸（hollow fiber）
ホローファイバー．ろ過膜の構造の1種．RO膜やUF膜の代表的な構造として平膜をスパイラル状に成形したカートリッジがあるが，ホローファイバーを束ねてハウジングに入れて成形したRO/UFカートリッジもよく使用される．このカートリッジはカートリッジ体積の割にはろ過面積が大きく小型化が図れる．ホローファイバーは直径1mm～2mm程度の，芯が空洞になった糸構造になっており，内外膜表面は緻密なスキン構造になっており，その間にスポンジ状の支持層が挟まっている．ろ過方法は外圧式と内圧式がある．膜材質はポリアミドやポリスルホンが代表的．

注射用水（water for injection）
日本薬局方に規定されている水．常水，精製水を蒸留，または精製水を超ろ過して得られ，注射剤の調製に用いる純水．精製水純度9項目および無

菌試験に適合し，エンドトキシン 0.025 EU/ml 未満であること．

超純水（ultra pure water）
厳しく品質管理されたイオン交換樹脂，活性炭，メンブランフィルター，UF，UVなどを組み合わせて処理され，TOC値が非常に少なく，比抵抗値 18 MΩ·cm 以上の純水をいう．

調整（adjustment）
計測機器の値をより真の値に近づけるために，計測計器を補正させることおよびその作業．

デガッサー（degasser）
水中の溶存ガスを除去する脱気装置．方式としては①高純度窒素曝気法（脱酸素），②加熱脱気，③真空脱気，④膜脱気などがある．膜脱気法は疎水性中空糸膜内部に純水を通過させ外部を真空に近い状態にすることにより脱気する方法．

電気伝導率（conductivity）
導電率，電導率，伝導度．電気の流れやすさの指標．導電率＝1／抵抗率（P）Ω·cm＝1／抵抗（R）Ω×長さ（L）cm／面積（S）cm2

透過水（permeat water）
カートリッジ，メンブランなどのろ材を通過した処理水．

トレーサビリティー（traceability）
標準機または計測器が，より高位の測定標準によって次々と校正され，国家標準・国際標準につながる経路が確立されていること．

な

軟水（soft water）
硬水の逆．Caイオン，Mgイオンの比較的少ない水．$CaCO_3$ として17 ppmを1度とした場合，10度以下を軟水という．この定義からすると日本国内の水道水は河川水などの表流水を使用することが多く，ほとんどが軟水である．またソフナーでCa，Mgのイオンを溶解性の高いNaイオンに置換した水を狭義の軟水ということもある．

日本薬局方（JP）
医薬品の性状および品質の適正をはかるために定めた医薬品の規格基準書．水に関する記述として，「常水」，「精製水」，「滅菌精製水」，「注射用水」の定義を定めている．

は

排水（waste water）
純水／超純水処理ではUF（限外ろ過膜），RO（逆浸透膜）などのリジェクト水などの総称．

発熱性物質（pyrogen）
パイロジェン．細菌の代謝産物．純水中に混入し，動物体内に入ると発熱性副作用を起こす．

バブルポイント試験
適切な溶液をフィルターでろ過し十分に濡らし，適切な気体の圧力によってN_2ガスで加圧し，適切な溶液をフィルターでろ過した後，徐々に昇圧し，N_2ガスがフィルターの細孔から液体を押し出したときの差圧を測定することにより，フィルターの破損やシール不良，孔径を調べる試験．

半透膜（semipermeable membrane）
溶液混合気体や分散系中の一部の成分は通すが，ほかの成分は通さないような膜．逆浸透膜や限外ろ過膜など．

比抵抗（resistivity）
抵抗率．電気の流れにくさの指標．
抵抗R（Ω）＝比抵抗P（Ω·cm）×長さL(cm)／面積S (cm2)

表面張力（surface tension）
液体はその表面をできるだけ小さくしようとする．外力の作用が無視できるときは球形を取る．これは液体の自由表面（液体がほかの気体などに触れている面）近くの分子が，分子相互の力の作用によって，自由表面を縮小しようとするから．この力を表面張力という．

不確かさ（uncertainty）
測定の結果に付随した，合理的に測定量に結びつけられる値のバラつきを特徴づけるパラメータ．

フリーラジカル（free radical）
ラジカル，遊離基ともいう．不対電子をもつ化学種で，分子の熱分解，光分解，放射線分解などに

より生成する．不対電子のため常磁性を示すので電子スピン共鳴により検出できる．一般にラジカルは反応性に富み，短寿命であるため化学反応の中間体となることが多い．ラジカルが関与する反応をラジカル反応という．超純水装置におけるTOCレベルの低減もこの反応を利用している．純水循環系内で紫外線の照射によってオゾン生成を経てヒドロキシラジカル（OH・）を生成させ，これで有機物を酸化分解してTOCを低減する．

米国薬局方（USP）

米国において使用されている医薬品に対しその品質，純度，強度などの基準を定めた法令．純水に関する項目としては「Water for Injection」「Purified Water」などがある．

ポリテトラフルオロエチレン（poly tetra fluoro ethylene/PTFE）

テフロン，PTFE．ポリテトラフルオロエチレン$(CF_2-CF_2)n$．フッ素樹脂の1種で，テフロンは商品名．耐化学薬品性に優れ，高温にも安定．

ま

滅菌精製水（sterile purified water）

常水，精製水を蒸留，または精製水を超ろ過して得られ，注射剤の調整に用いる純水．精製水純度9項目および無菌試験に適合しエンドトキシン0.25 EU/ml 未満であること．

や

ユースポイント（use point）

純水，超純水の最終採水点のこと．純水装置本体にある場合と，装置からチューブなどで延長してクリーンベンチ内ユースポイントなどの場合もある．

遊離塩素（free available chlorine）

遊離残留塩素．水中に残留する有効塩素のうち，単体塩素（Cl）や次亜塩素酸（OCl）のこと．結合型と比較して酸化力は強い．

遊離炭酸ガス（free carbon dioxide）

水中に溶解しているCO_2のこと．

溶存酸素（dissolved oxygen）

水中に溶解している酸素をいう．酸素の溶解度は気圧，水温，塩濃度に影響される．その供給源はほとんどが大気からである．純水中においては生菌の増殖に影響，半導体製造工程ではシリコンウエハーの純水洗浄時酸化膜形成などの悪影響をおよぼすことことがある．溶存酸素の測定にはウインクラ法，比色法もあるが，隔膜電極法が一般的である．

ら

ランゲリア指数（langelier index）

RO膜やボイラーなどの表面に炭酸カルシウムのスケールが生成するかしないかを表す指数．

　　LSI＝pH－pHs
　　　pH ：実測pH
　　　pHs：計算上の炭酸カルシウムが飽和するpH

LSIがマイナス側ではスケールは生成しない．LSIへの影響因子は①実際のpH，②TDS，③温度，④カルシウム硬度，⑤アルカリ度．通常－0.5よりマイナス側が望ましい．日本国内の純水用供給水ではプラス側になることは少ない．

欧　文

B

BOD（biochemical oxygen demand）

生物化学的酸素要求量．溶存酸素の存在のもとで，水中の分解可能有機物質が微生物により分解され，生物化学的に安定化するために要する酸素量をいい，mg/ml で表す．この値が大きいということは水中の分解可能有機物質が多いことを意味し，水質汚濁の一指標となる．

C

CFU（colony forming unit）

微生物が形成するコロニーの数．微生物数を測定する際，培地上で培養し初期は目視で観察できない微生物も増殖によってコロニーを形成するのでその個数を数えることができる．

CO_2トラップ（carbon dioxide trap）

純水タンク内の水面変動に伴い外気の出入りがある．このとき空気中の炭酸ガスや揮発性有機物や菌・粒子がタンク内に流入して純粋水質を劣化させる．これを防ぐのにタンクの呼吸口にソーダーライムと活性炭と除菌フィルターを組み合わせた

カートリッジを設置する．これをCO_2トラップとよぶ．タンクはCO_2トラップだけから空気が出入りするように，オーバーフロー管や水位センサー取り付け部のシール性を完全にする．

COD（chemical oxygen demand）
化学的酸素要求量．水中の被酸化性物質が酸化されるのに要する酸素量をいい，ここでは，純粋に化学的に消費される酸素量のこと．mg/mlで表す．水質試験においては，酸化剤として過マンガン酸カリウム溶液を用いて測定する．

F

FI値（fouling index）
目詰まり指数．ROなどの純水装置における供給水濁度の表示方法の1つ．HAWP04700FIを用いて$2.1 Kg/cm^2$の圧力下でろ過．
①最初の500 mlが通過する時間………… t1
②15分後の500 mlが通過する時間……… t2
（1 − t1/t2）×100% = PI（Plugging Index）
FI = PI/15
通常RO供給水はプレフィルターなどを用いてFI値5以下に処理をして供給する．Fouling Index（FI）は別名Silting Index（SI）ともよばれる．

FT-IR（fourier transform infrared spectroscopy）
フーリエ変換赤外分光法．赤外分光分析法の1方法．赤外吸収スペクトルを利用する分光分析．分子の赤外吸収スペクトルは主としてその分子の固有振動数に基づくので，これにより物質の同定，定性分析を行う．FT-IRは試料からの赤外領域の光を光干渉計に入れ，出てくる光の強度を可動鏡の移動距離の関数として測定し，そのフーリエ変換によってスペクトルを得るもので高感度，高分解能測定に用いられる．

G

GC（gas chromatography）
ある媒体に固定された固定相に接して流れる移動相に混合成分をのせ，成分分析を行うクロマトグラフィーの中で，移動相に気体を用いるもの．分析対象成分の固定相に対する親和性の強弱により分離する．【特徴】液体に比ベガスは透過性が高いため長いカラムを使用でき，分解能が高く，分離時間が短い．【用途】大部分の無機物および熱により変性する有機物以外のすべての物質．

H

HPLC（high performance liquid chromatograph）
高速液体クロマトグラフ．固定相および移動相の2相が形成する平衡の場において，種々の化合物を両相との相互作用の強弱によって分離定量する方法（クロマトグラフィー）のうち，移動相として液体を用いる方法を液体クロマトグラフィーという．このうち，移動相を高圧で送り，分析時間を短縮したものをHPLCという．【特徴】揮発性が不十分な化合物，熱的に不安定な化合物を容易に分析できる．分離した化合物を容易に分取できるため，定量性に憂れる．【用途】生物学的に重要な巨大分子やイオン性の化合物，変化しやすい天然物および種々の高分子化合物を分析する．

I

IC（ion-chromatography）
溶離液を移動相に，イオン交換体を固定相とした分離カラム内で，試料のイオン種成分を展開・溶離させ，電気伝導度検出器，電気化学検出器，または吸光光度検出器で測定する方法．装置は送液部・分離部・検出部・記録部から構成されており，検出部にイオン交換膜などを用いたサプレッサーにより溶離液の電気伝導度（バックグランド）を低下させ各種陰イオン，陽イオン，有機酸の高感度分析に使用される．

ICP-MS（inductively coupled plasma-mass spectrometer）
誘導結合プラズマ質量分析装置．超微量元素の濃度を迅速に測定する装置．多元素を同時に迅速測定でき（20成分の定量が2分），感度が非常に高い（ほぼすべての元素がサブpptレベルまで分析可能）．

N

NTU（nephelometric turbidity unit）
ホルマジン濁度標準液（ホルマジンポリマー）を用いて，散乱光測定法により測定した濁度．1 NTUはカオリン標準液の濁度約0.6度に相当する．

P

PA（polyamide）
主鎖中に－CO-NH－をもつ重合体の総称．従来からよく使用されるものにナイロン 6，66，610，7，11，12 などがある．RO 膜やチューブにも応用されているが，塩素に耐性がなく短時間で強度低下を引き起こす．また抽出物も多くこの材質のチューブは純水装置には避けた方がよい．

PCR（polymerase chain reaction）
DNA 鎖の特定部位を複製する反応．（DNA 二本鎖の解離→アニーリング→DNA ポリメラーゼによる相補鎖合成）を温度変化により繰り返し行い，DNA 鎖の特定部位を複製する．実験によって得られた微量 DNA 片を上記反応により増幅させ，他の実験に用いる．

PE（polyethylene）
$(-CH_2CH_2-)n$ エチレンの重合体．酸，アルカリ，溶剤に耐性があるが，高温の炭化水素，ハロゲン化炭化水素に溶解．低密度ポリエチレン（LDPE）はフィルム，シートに，高密度ポリエチレン（HDPE）は成形品に用いられる．PE は抽出物も少なく，純水装置のタンク，チューブにもよく用いられる．

PEEK（polyetheretherketone）
超純水配管材料として用いられる耐熱，結晶性ポリマー．成形には安定剤などを使用せず，クリーンな環境で製造され洗浄出荷されている．配管は接着剤を使用せず溶着施工する．

PFA（perfluoroalkoxy copolymer）
テトラフルオロエチレン，パーフルオロアルキルビニルエーテル共重合体．金属不純物の溶出量が非常に少なく，ICP-MS 分析用の容器として適している．

pH（hydrogen exponent）
水中の水素イオン濃度を表す指数．
$$pH = -\log 10\,([H^+]/mol \cdot dm^3)$$
pH＝7 は中性，pH＞7 はアルカリ性，pH＜7 は酸性．

PP（polypropylene）
プロピレンの重合体．結晶性が大きく，融点が高い（165～176℃），機械強度・耐摩耗性に優れている．チューブとしてはやや柔軟性が少ない．

ppb（parts per billion）
濃度，存在比を表す単位．10 億分の 1 を表す．

ppm（parts per million）
濃度，存在比を表す単位．100 万分の 1 を表す．

ppt（parts per trillion）
濃度，存在比を表す単位．1 兆分の 1 を表す．

T

TOC（total organic carbon）
水中に溶解している炭素化合物のうち有機系化合物中の炭素の総量．超純水装置においては，UV を用いて 5 ppb 以下の処理が可能．

V

VOC（volatile organic carbon）
塩素やフッ素などのハロゲン元素と有機物が結合した低沸点の揮発性有機化合物．ジクロールメタン，クロロホルムなど数十種類の溶媒がこれに含まれる．水道法によって水道水中の許容濃度が定められている．

元素周期表

族	1A 1	2A 2	3A 3	4A 4	5A 5	6A 6	7A 7	8A 8	8A 9	8A 10	1B 11	2B 12	3B 13	4B 14	5B 15	6B 16	7B 17	8 18
1	1 H 1.008 水素																	2 He 4.003 ヘリウム
2	3 Li 6.94 リチウム	4 Be 9.01 ベリリウム											5 B 10.81 ホウ素	6 C 12.01 炭素	7 N 14.01 窒素	8 O 16.00 酸素	9 F 19.00 フッ素	10 Ne 20.18 ネオン
3	11 Na 22.99 ナトリウム	12 Mg 24.31 マグネシウム											13 Al 26.98 アルミニウム	14 Si 28.09 ケイ素	15 P 30.97 リン	16 S 32.07 硫黄	17 Cl 35.45 塩素	18 Ar 39.95 アルゴン
4	19 K 39.10 カリウム	20 Ca 40.08 カルシウム	21 Sc 44.96 スカンジウム	22 Ti 47.87 チタン	23 V 50.94 バナジウム	24 Cr 52.00 クロム	25 Mn 54.94 マンガン	26 Fe 55.85 鉄	27 Co 58.93 コバルト	28 Ni 58.69 ニッケル	29 Cu 63.55 銅	30 Zn 65.39 亜鉛	31 Ga 69.72 ガリウム	32 Ge 72.61 ゲルマニウム	33 As 74.92 ヒ素	34 Se 78.96 セレン	35 Br 79.90 臭素	36 Kr 83.80 クリプトン
5	37 Rb 85.47 ルビジウム	38 Sr 87.62 ストロンチウム	39 Y 88.91 イットリウム	40 Zr 91.22 ジルコニウム	41 Nb 92.91 ニオブ	42 Mo 95.94 モリブデン	43 Tc <99> テクネチウム	44 Ru 101.1 ルテニウム	45 Rh 102.9 ロジウム	46 Pd 106.4 パラジウム	47 Ag 107.9 銀	48 Cd 112.4 カドミウム	49 In 114.8 インジウム	50 Sn 118.7 スズ	51 Sb 121.8 アンチモン	52 Te 127.6 テルル	53 I 126.9 ヨウ素	54 Xe 131.3 キセノン
6	55 Cs 132.9 セシウム	56 Ba 137.3 バリウム	L ランタノイド 系列	72 Hf 178.5 ハフニウム	73 Ta 180.9 タンタル	74 W 183.8 タングステン	75 Re 186.2 レニウム	76 Os 190.2 オスミウム	77 Ir 192.2 イリジウム	78 Pt 195.1 白金	79 Au 197 金	80 Hg 200.6 水銀	81 Tl 204.4 タリウム	82 Pb 207.2 鉛	83 Bi 209.0 ビスマス	84 Po <210> ポロニウム	85 At <210> アスタチン	86 Rn <222> ラドン
7	87 Fr <223> フランシウム	88 Ra <226> ラジウム	A アクチノイド 系列	104 Rf <261> ラザホージウム	105 Db <262> ドブニウム	106 Sg <263> シーボーギウム	107 Bh <264> ボーリウム	108 Hs <265> ハッシウム	109 Mt <268> マイトネリウム									

| L ランタノイド系列 | 57 La 138.9 ランタン | 58 Ce 140.1 セリウム | 59 Pr 140.9 プラセオジム | 60 Nd 144.2 ネオジム | 61 Pm <145> プロメチウム | 62 Sm 150.4 サマリウム | 63 Eu 152.0 ユーロピウム | 64 Gd 157.3 ガドリニウム | 65 Tb 158.9 テルビウム | 66 Dy 162.5 ジスプロシウム | 67 Ho 164.9 ホルミウム | 68 Er 167.3 エルビウム | 69 Tm 168.9 ツリウム | 70 Yb 173.0 イッテルビウム | 71 Lu 175.0 ルテチウム |

| A アクチノイド系列 | 89 Ac <227> アクチニウム | 90 Th 232.0 トリウム | 91 Pa 231.0 プロトアクチニウム | 92 U 238.0 ウラン | 93 Np <237> ネプツニウム | 94 Pu <239> プルトニウム | 95 Am <243> アメリシウム | 96 Cm <247> キュリウム | 97 Bk <247> バークリウム | 98 Cf <252> カリホルニウム | 99 Es <254> アインスタイニウム | 100 Fm <257> フェルミウム | 101 Md <258> メンデレビウム | 102 No <259> ノーベリウム | 103 Lr <262> ローレンシウム |

索引

※**太字**はpp.98〜104の用語集に解説があります

●●和　文●●

あ

- アセトニトリル ……………… 46
- 圧損 ……………………………… **98**
- アルカリ度 …………………… **98**
- イオンクロマトグラフィー … 42
- イオン交換器 ………………… 31
- イオン交換樹脂 ……………… 19
- イオン交換水 ………………… **98**
- 石綿 …………………………… 22
- 井水 …………………………… **98**
- 一次純水 ……………………… **98**
- インジェクター ……………… 49
- エアベントフィルター … 79, **98**
- 液体クロマトグラフィー …… 42
- エチルベンゼン ……………… 63
- 塩素 …………………………… 21
- エンドトキシン ……………… 25
- オートクレーブ ………… 44, **98**
- オートサンプラー …………… 49
- 温度補正 ……………………… 73

か

- カートリッジ ………………… 51
- ガスクロマトグラフィー …… 42
- 活性炭 ………………………… 21
- カラム ………………………… 51
- カルボン酸イオン …………… 30
- 官能基 ………………………… 19
- 管理手法 ……………………… 86
- ギ酸 …………………………… 49
- 揮発性 ………………………… 28
- 揮発性有機化合物 …………… 52
- 逆浸透 ………………………… 26
- 逆浸透水 ……………………… 15
- 逆浸透膜 ……………………… 22
- 逆相クロマトグラフィー …… 46
- キャリブレーション ………… 87
- 吸着 …………………………… 21
- 吸着容量 ……………………… 85
- 供給水 ………………………… **98**
- 極性 …………………………… 8
- クラスター ……………… 8, 9, **98**
- クリーンベンチ ……………… 54
- クリーンルーム ……………… 48
- クロマトグラム ……………… 49
- クロロホルム ………………… 62
- 珪藻土 ………………………… 22
- 結合残留塩素 …………… 10, **98**
- 限外ろ過膜 …………………… 22
- 原子吸光 ………………… 42, **98**
- 原水 ……………………… 37, **99**
- ゴーストピーク ……………… 46
- 硬水 …………………………… **99**
- 校正 ……………………… 87, **99**
- 高速液体クロマトグラフィー
  …………………………… 42
- 硬度 …………………………… **99**
- 固着菌叢 ……………………… 38
- コロイド ……………………… 25

さ

- 差圧 …………………………… **99**
- 再現性 ………………………… 11
- 細孔 …………………………… 21
- サニタリー配管 ………… 38, **99**
- 酸度 …………………………… **99**
- サンプル ……………………… 51
- サンプルループ ……………… 51
- 残留塩素 ………………… 8, **99**
- 紫外線 ………………………… 29
- シグナル ……………………… 54
- 1.1.1-ジクロロエタン ………… 63
- ジクロロメタン ………… 53, 62
- 重炭酸イオン ………………… 15
- 純水 …………………………… **99**
- 純水装置 ……………………… 34
- 蒸留 …………………………… 28
- 蒸留水 …………………… 12, **99**
- 除去率 ………………………… 37
- 初流排水 ……………………… 69
- シリカ ………………………… **99**

索引

シリコンチューブ ………… 70
神経幹細胞 ………… 56
浸透 ………… **99**
浸透圧 ………… 26, **100**
浸透作用 ………… 26
水質 ………… **100**
水質基準 ………… 10
水質センサー ………… 85
水質劣化 ………… 69
水道水 ………… 12, **100**
水道法 ………… 10
水和イオン ………… 8
正確さ ………… **100**
精製水 ………… **100**
精度 ………… **100**
セル定数 ………… **100**
洗浄 ………… 66
セントラル純水 ………… **100**
セントラル純水装置 ………… 38
洗ビン ………… 72
ソーダライム ………… 79, **100**
藻類 ………… 84

た

滞留 ………… 68
濁度 ………… **100**
タンク ………… 35
炭酸イオン ………… 30
地下水 ………… **98**
チャレンジ試験 ………… **100**
チューニング ………… 55
中空糸 ………… **100**
注射用水 ………… **100**

超純水 ………… **101**
超純水装置 ………… 34
調整 ………… **101**
ディスポーザブル ………… 65
デプスフィルター ………… 23
デガッサー ………… **101**
電荷 ………… 19
電気伝導率 ………… 12, **101**
透過水 ………… **101**
トルエン ………… 63, 80
トレーサビリティー ……… 87, **101**

な

軟水 ………… **101**
日本薬局方 ………… 25, **101**
ネブライザー ………… 54, 55
ノイズ ………… 48

は

バイオフィルム ………… 38
排水 ………… **101**
バクテリア ………… 70
パスツールピペット ………… 65
バックグラウンド ………… 46
発熱性物質 ……… 43, 56, **101**
バブルポイント試験 ………… **101**
バリデーション ………… 86
ハングリーウォーター ………… 61
半透膜 ………… 27, **101**
ピーク ………… 71
微生物 ………… 32
比抵抗 ………… 12, **101**
ヒドロキシラジカル ………… 30

飛沫同伴 ………… 28
表面張力 ………… **101**
微粒子 ………… 32
フィルター ………… 51
不純物 ………… 34
不確かさ ………… **101**
フタル酸エステル ………… 52
フッ素樹脂 ………… 64
フミン酸 ………… 18
ブランク水 ………… 52
フリーラジカル ………… **101**
フルボ酸 ………… 18
ベースライン ………… 46
米国薬局方 ………… **102**
ホウ素 ………… 55
ポリエチレン ………… 65
ポリ塩化ビニル ………… 52
ポリテトラフルオロエチレン
 ………… **102**
ポリプロピレン ………… 64

ま

無機物 ………… 32
滅菌精製水 ………… **102**
メスアップ ………… 72
メタノール ………… 46
メンテナンス ………… 40
メンブランフィルター … 22, 24

や

ユースポイント ………… **102**
有機酸分析 ………… 49
有機物 ………… 32

索引

遊離塩素 102
遊離残留塩素 10
遊離炭酸ガス 102
輸液バック 52
油性ペン 63
溶存ガス 27
溶存酸素 102
溶離液 51

ら

ラベル 67
ランゲリア指数 102
リポポリサッカライド 44
理論純水 14
ロット 53

●●欧 文●●

A〜C

Ar 55
B 55
BOD（biochemical oxygen demand） 102
Ca 55
CFU（colony forming unit） 102
cfu/ml 82
CO_2トラップ 102
COD（chemical oxygen demand） 103

D〜F

DEPC 56
design qualification 87
diethylpyrocarbonate 56
DNA 29
DQ 87
EDI 20
Fe 55
FI値 103
FT-IR 103

G

gas chromatography 103
GC 42, 103
GC/MS 42
GLP 86
GMP 87
Good Laboratory Practice ... 86

H・I

HPLC 42, 103
IC（ion-chromatography） ... 103
ICP-MS 42, 103
installation qualification .. 87
IQ 87
ISO9001 87
ISO9004 87

K〜N

K 55
LC/MS 42
lipopolysacaride 44
LPS 44
$M\Omega \cdot cm$ 31
NTU 103

O〜P

operation qualification 88
OQ 88
osmosis 26
PA（polyamide） 104
PCR 104
PE（polyethylene） 104
PEEK（polyetheretherketone） 104
performance qualification ... 88
PFA（perfluoroalkoxy copolymer） 104
pH 17, 104
PP（polypropylene） 104
ppb 11, 104
ppm 11, 104
ppt 11, 104
PQ 88

R〜V

reverse osmosis 26
RNase 25
RNaseフリー水 57
TOC 12, 104
VOC 52, 104
volatile organic carbon 52

編 著　日本ミリポア株式会社ラボラトリーウォーター事業部

執筆者　石井直恵（Naoe ISHII）
（五十音順）　金沢旬宣（Masanori KANAZAWA）
　　　　　熊井広哉（Hiroya KUMAI）

所属：日本ミリポア株式会社ラボラトリーウォーター事業部

水は実験結果を左右する！
超純水超入門
データでなっとく，水の基本と使用のルール

2005年 4月25日 第1刷発行			
2014年 4月25日 第3刷発行	編　著	日本ミリポア株式会社ラボラトリーウォーター事業部	
	発行人	一戸　裕子	
	発行所	株式会社　羊　土　社	
		〒101-0052	
		東京都千代田区神田小川町2-5-1	
		神田三和ビル	
		TEL　03(5282)1211	
		FAX　03(5282)1212	
		E-mail　eigyo@yodosha.co.jp	
©Nihon Millipore K.K., 2005. Printed in Japan		URL　http://www.yodosha.co.jp/	
ISBN978-4-89706-480-2	印刷所	萩原印刷株式会社	

本書の複写にかかる複製，上映，譲渡，公衆送信（送信可能化を含む）の各権利は（株）羊土社が管理の委託を受けています．
本書を無断で複製する行為（コピー，スキャン，デジタルデータ化など）は，著作権法上での限られた例外（「私的使用のための複製」など）を除き禁じられています．研究活動，診療を含み業務上使用する目的で上記の行為を行うことは大学，病院，企業などにおける内部的な利用であっても，私的使用には該当せず，違法です．また私的使用のためであっても，代行業者等の第三者に依頼して上記の行為を行うことは違法となります．

JCOPY　＜（社）出版者著作権管理機構 委託出版物＞
本書の無断複写は著作権法上での例外を除き禁じられています．複写される場合は，そのつど事前に，（社）出版者著作権管理機構（TEL 03-3513-6969，FAX 03-3513-6979，e-mail：info@jcopy.or.jp）の許諾を得てください．

無敵のバイオテクニカルシリーズ

改訂第4版 タンパク質実験ノート

上 タンパク質をとり出そう（抽出・精製・発現編）

岡田雅人，宮崎 香／編
215頁　定価（本体4,000円＋税）　ISBN978-4-89706-943-2

幅広い読者の方々に支持されてきた，ロングセラーの実験入門書が装いも新たに7年ぶりの大改訂！イラスト付きの丁寧なプロトコールで実験の基本と流れがよくわかる！実験がうまくいかない時のトラブル対処法も充実！

下 タンパク質をしらべよう（機能解析編）

岡田雅人，三木裕明，宮崎 香／編
222頁　定価（本体4,000円＋税）　ISBN978-4-89706-944-9

タンパク研究の現状に合わせて内容を全面的に改訂．タンパク質の機能解析に重点を置き，相互作用解析の章を新たに追加したほか最新の解析方法を初心者にもわかりやすく解説．機器・試薬なども最新の情報に更新！

好評シリーズ既刊！

改訂第3版 顕微鏡の使い方ノート
はじめての観察からイメージングの応用まで

野島 博／編　247頁　定価（本体5,700円＋税）
ISBN978-4-89706-930-2

改訂 細胞培養入門ノート

井出利憲，田原栄俊／著　171頁
定価（本体4,200円＋税）　ISBN978-4-89706-929-6

改訂第3版 遺伝子工学実験ノート

田村隆明／編

上 DNA実験の基本をマスターする
232頁　定価（本体3,800円＋税）　ISBN978-4-89706-927-2

下 遺伝子の発現・機能を解析する
216頁　定価（本体3,900円＋税）　ISBN978-4-89706-928-9

マウス・ラット実験ノート
はじめての取り扱い，飼育法から投与，解剖，分子生物学的手法まで

中釜 斉，北田一博，庫本高志／編　169頁
定価（本体3,900円＋税）　ISBN978-4-89706-926-5

RNA実験ノート

稲田利文，塩見春彦／編

上 RNAの基本的な取り扱いから解析手法まで
188頁　定価（本体4,300円＋税）　ISBN978-4-89706-924-1

下 小分子RNAの解析からRNAiへの応用まで
134頁　定価（本体4,200円＋税）　ISBN978-4-89706-925-8

改訂第3版 バイオ実験の進めかた

佐々木博己／編　200頁　定価（本体4,200円＋税）
ISBN978-4-89706-923-4

バイオ研究がぐんぐん進む
コンピュータ活用ガイド
データ解析から，文献管理，研究発表までの基本ツールを完全マスター

門川俊明／企画編集　美宅成樹／編集協力　157頁
定価（本体3,200円＋税）　ISBN978-4-89706-922-7

改訂 PCR実験ノート
みるみる増やすコツとPCR産物の多彩な活用法

谷口武利／編　179頁　定価（本体3,300円＋税）
ISBN978-4-89706-921-0

イラストでみる
超基本バイオ実験ノート
ぜひ覚えておきたい分子生物学実験の準備と基本操作

田村隆明／著　187頁　定価（本体3,600円＋税）
ISBN978-4-89706-920-3

発行 羊土社

〒101-0052 東京都千代田区神田小川町2-5-1 神田三和ビル
TEL 03(5282)1211　FAX 03(5282)1212
E-mail：eigyo@yodosha.co.jp　URL：http://www.yodosha.co.jp/

ご注文は最寄りの書店，または小社営業部まで
郵便振替00130-3-38674

～話題の手法がグッと身近になる実験手引書～
実験医学別冊
最強のステップUPシリーズ

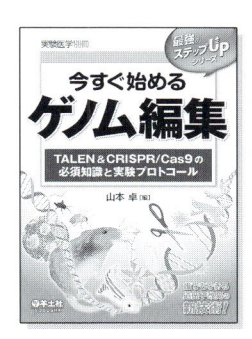

今すぐ始める ゲノム編集
TALEN&CRISPR/Cas9の
必須知識と実験プロトコール

山本　卓／編
- 定価（本体 4,900円＋税）　　■ B5判
- 207頁　　■ ISBN 978-4-7581-0190-5

話題沸騰の新技術「ゲノム編集」の実験書がついに誕生！TALNE, CRISPR/Cas9の原理・設計のポイントから、各種生物における実験プロトコールまでを一挙公開！本書があれば、誰でも、今すぐできます！

直伝！フローサイトメトリー 面白いほど使いこなせる！
デジタル時代の機器の原理・操作方法と、サンプル調製およびマルチカラー解析の成功の秘訣

中内啓光／監　清田　純／編
- 定価（本体 5,800円＋税）　■ B5判
- 278頁　■ ISBN 978-4-7581-0188-2

原理からよくわかる リアルタイムPCR 完全実験ガイド
北條浩彦／編
- 定価（本体 4,400円＋税）　■ B5判
- 233頁　■ ISBN 978-4-7581-0187-5

見つける、量る、可視化する！ 質量分析実験ガイド
ライフサイエンス・医学研究で役立つ機器選択、サンプル調製、分析プロトコールのポイント

杉浦悠毅, 末松　誠／編
- 定価（本体 5,700円＋税）　■ B5判
- 239頁　■ ISBN 978-4-7581-0186-8

in vivo イメージング実験プロトコール
原理と導入のポイントから2光子顕微鏡の応用まで

石井　優／編
- 定価（本体 6,200円＋税）　■ B5判
- 251頁　■ ISBN 978-4-7581-0185-1

～基本的だがつまずきやすい実験を詳しく解説～
実験医学別冊
目的別で選べるシリーズ

目的別で選べる 遺伝子導入プロトコール
発現解析とRNAi実験がこの1冊で自由自在！最高水準の結果を出すための実験テクニック

仲嶋一範, 北村義浩, 武内恒成／編
- 定価（本体 5,200円＋税）　　■ B5判
- 252頁　　■ ISBN 978-4-7581-0184-4

発現解析、ノックダウン、遺伝子導入…タンパク質の機能解析に至る具体的方法・手技を徹底解説．各方法の比較だけでなく、実験のプロによるコツ、さらには実験デザインまで．実験の見通しがグンとよくなる！

目的別で選べる 細胞培養プロトコール
培養操作に磨きをかける！基本の細胞株・ES・iPS細胞の知っておくべき性質から品質検査まで

中村幸夫／編　理化学研究所バイオリソースセンター／協力
- 定価（本体 5,600円＋税）　■ B5判
- 308頁　■ ISBN 978-4-7581-0183-7

目的別で選べる 核酸実験の原理とプロトコール
分離・精製からコンストラクト作製まで, 効率を上げる条件設定の考え方と実験操作が必ずわかる

平尾一郎, 胡桃坂仁志／編
- 定価（本体 4,700円＋税）　■ B5判
- 264頁　■ ISBN 978-4-7581-0180-6

目的別で選べる PCR実験プロトコール
失敗しないための実験操作と条件設定のコツ

佐々木博己／編著　青柳一彦, 河府和義／著
- 定価（本体 4,500円＋税）　■ B5判
- 212頁　■ ISBN 978-4-7581-0178-3

目的別で選べる タンパク質発現プロトコール
発現系の選択から精製までの原理と操作

永田恭介, 奥脇　暢／編
- 定価（本体 4,200円＋税）　■ B5判
- 268頁　■ ISBN 978-4-7581-0175-2

発行　羊土社

〒101-0052　東京都千代田区神田小川町2-5-1 神田三和ビル
TEL 03(5282)1211　　FAX 03(5282)1212
E-mail:eigyo@yodosha.co.jp　URL:http://www.yodosha.co.jp/

ご注文は最寄りの書店，または小社営業部まで
郵便振替00130-3-38674

皆さまにご愛顧いただき
Milli-Q® は 40 周年を迎えました

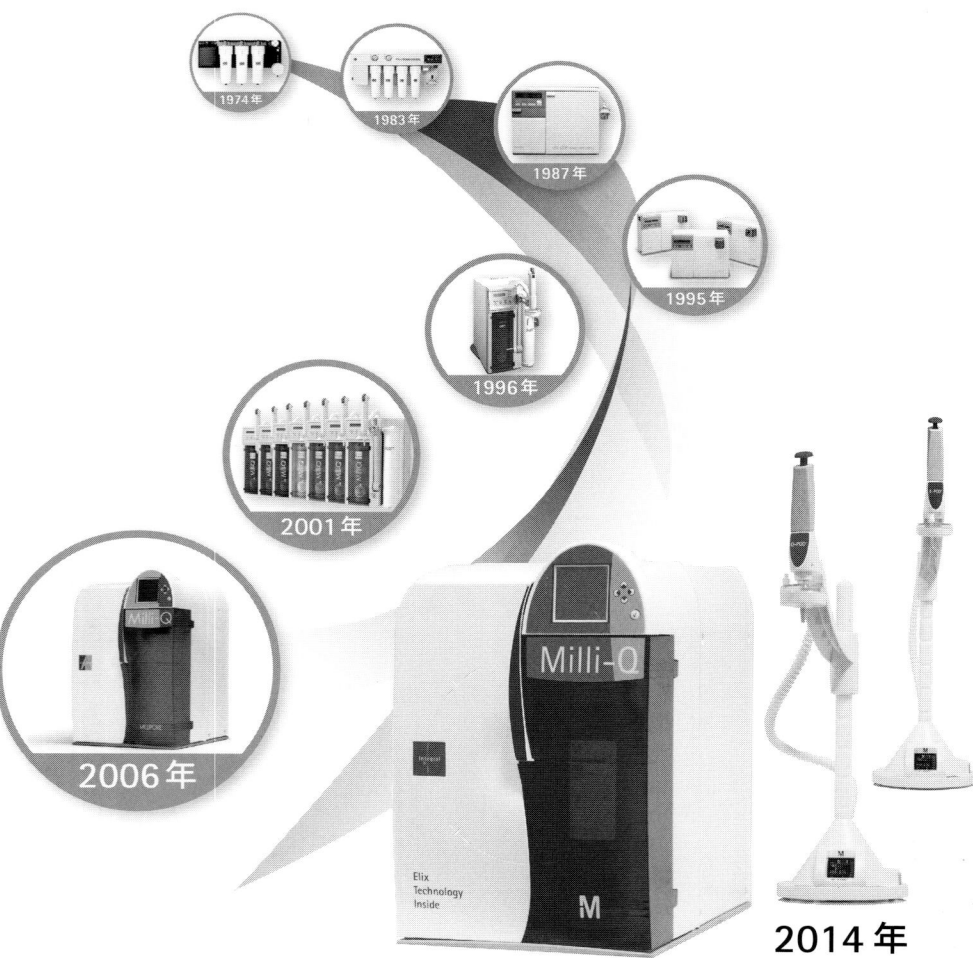

1974年
1983年
1987年
1995年
1996年
2001年
2006年
2014年

メルク株式会社
メルクミリポア事業本部 ラボラトリーウォーター事業部
〒153-8927 東京都目黒区下目黒1-8-1 アルコタワー5F
超純水・純水装置のことなら▶ www.millipore.com/LW
お問合せ▶ On-Line:www.millipore.com/jpts Tel: 0120-013-148 Fax: 03-5434-4875

Merck Millipore is a division of MERCK

Milli-Qは Merck KGaAの登録商標です。 Merck Millipore and the M mark are trademarks of Merck KGaA, Darmstadt, Germany.